色
その科学と文化
新装版

江森康文
大山　正
深尾謹之介
............編

朝倉書店

執　筆　者

大山　正（おおやま　ただす）　　東京大学文学部心理学教室 教授
石川　清（いしかわ　きよし）　　千葉大学医学部眼科学教室 教授
深尾謹之介（ふかお　きんのすけ）　千葉大学教養部化学教室 教授
江森康文（えもり　やすふみ）　　千葉大学工学部付属天然色工学研究施設 教授
川瀬太郎（かわせ　たろう）　　千葉大学工学部電気工学科 教授
飯田弘忠（いいだ　ひろただ）　　千葉大学工学部合成化学科 教授
国司龍郎（くにし　たつお）　　千葉大学工学部画像工学科 講師
久保走一（くぼ　そういち）　　千葉大学工学部画像工学科 教授
小郷　寛（こごう　ひろし）　　千葉大学工学部電気工学科 教授
横井政人（よこい　まさと）　　千葉大学園芸学部園芸学科 教授
本多　侔（ほんだ　ひとし）　　千葉大学園芸学部環境緑地学科 教授
重田良一（しげた　りょういち）　千葉大学工学部工業意匠学科 助教授
湊　幸衛（みなと　さちえ）　　千葉大学工学部工業意匠学科 講師
赤穴　宏（あかな　ひろし）　　千葉大学工学部工業意匠学科 教授

（執筆順）

1. 画家のパレット（赤穴）（不用意に色が混色しないように色の配置を考慮する）
①プルシャンブルー ②ウルトラマリンブルー ③コバルトブルー ④セルリアンブルー ⑤ビリジアン ⑥カドミウムグリーン ⑦クロムグリーン ⑧レモンイエロー ⑨カドミウムイエロー ⑩イエローオーカー ⑪バーミリオン ⑫ローズマダー ⑬カドミウムレッド ⑭パープルマダー ⑮コバルトヴァイオレット ⑯ライトレッド ⑰バントシエナ ⑱バントアンバー ⑲ローアンバー ⑳アイボリーブラック ㉑ジンクホワイト（またはチタニウムホワイト・シルバーホワイト）

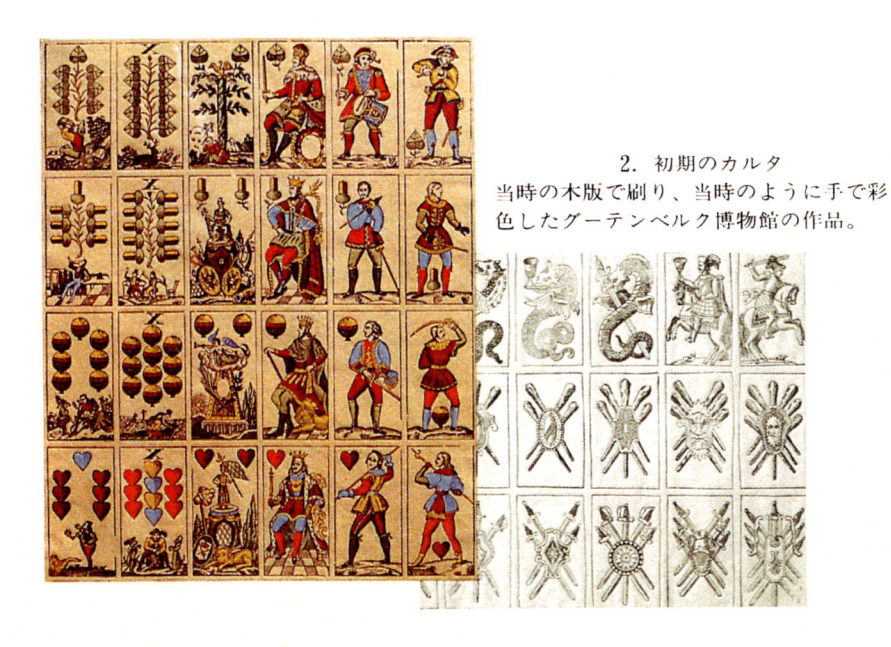

2. 初期のカルタ
当時の木版で刷り、当時のように手で彩色したグーテンベルク博物館の作品。

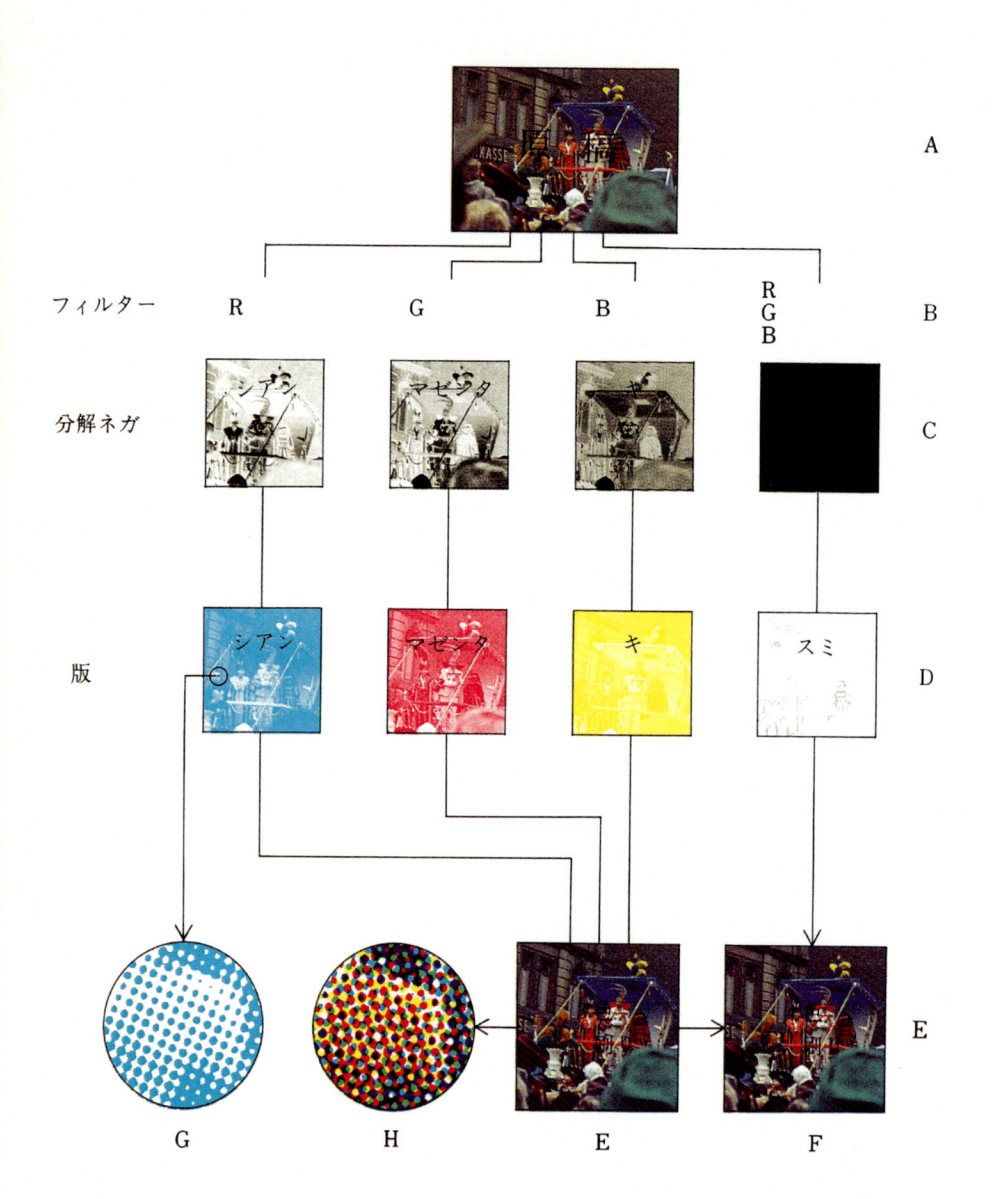

3. 3色分解と3原色によるカラー印刷

4. スペクトルの色

5. 加法混色 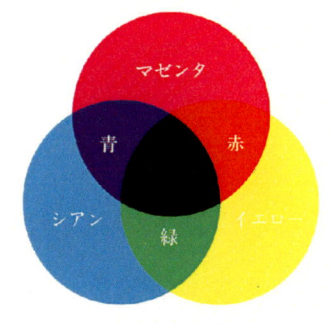　　　　　　6. 減法混色

7. マンセル色立体（日本色研事業提供）

8. ヒマラヤの青いケシ

9. 最も複雑な花の色

10. 千駄ヶ谷の一角に魅力をもたらしていた赤い建築(近沢可也設計)

11. 数年後に変った現在の姿

12. コペンハーゲンの街で塗装ではなく建材でファサードが飾られている。複雑でしかも濃密な雰囲気を与えている。

13. グリニー大団地(フランス)徹底した色彩計画でその効力が生きている。

はじめに

　現代の生活は大変カラフルで，あらゆる分野で色が大いに利用されているにもかかわらず，一般にはその本質についてあまり知られてないので，時にはいろいろ混乱がおこることがある．読者の皆さんも次のような疑問や経験を持たれたことがあるだろう．

　1) 絵具や印刷では赤・青・黄を三原色としているのにカラーテレビジョンでは赤・青・緑となっているのはなぜだろう？

　2) アトリエなどのように色を正しく見る必要がある所には北窓の光が良いといわれるが，直射日光とどう違うのか？

　3) セーターなどを買って帰って家で見たら，売場で見たのと色が違って見えた．

　4) はり絵やアプリケなどの時，台紙や地布の色つまり周囲の色によって，同じ色でも大分違って見える．

　5) 色のついたサングラスをかけていても白いものは白く見えるのはなぜか？

　6) 他人の説明を聞いて想像した色が，実物を見たら違っているのに驚いた．逆に自分の見た色を言葉ではうまく説明できないで困った．

　これらの例からわかるように色の関係する現象は単純ではない．色の本質を理解するには多くの専門分野を総合して考える必要があるが，これが色に関する正しい知識の普及をさまたげている大きな原因だろう．

　本書は多くの分野の専門家が協力して，「正しい知識をわかりやすく」という方針で執筆したもので，第Ⅰ部では色の本質，第Ⅱ，Ⅲ，Ⅳ部では色に関係

した技術的・社会的・文化的な話題を取り上げている．第I部は色に関する基礎だから，一応全章を通して読んでほしいが，第II部以下は必要な章だけ読んでもわかるはずである．各分野ごとの専門書は別として，一般読者向けにこれだけの範囲をカバーした本はこれまでなかったので，多くの読者の期待に応えることができるものと信じている．

　本書の成立のもとは千葉大学教養部における総合科目である．総合科目というのは従来の狭い専門分野にかたよらず一つのテーマを多角的かつ総合的に取り扱うことを趣旨とするもので，千葉大学教養部では現在20以上の題目が開講されているが，その一つとして「色」という題目が昭和52年度から開講された．これは色彩関係を専門とする教官が千葉大学の各学部に何人も在籍しているのを幸いに，これらの人を中心にして，関連のある部門の教官を加えて講義のプログラムが編成されたのである．本書はこの講義内容をもとにして，一部を追加し全体を整理改訂してでき上った．
　編集に当ってはできるだけ全体の統一を計ったが，一部の事項は重複を避けられなかったし，執筆者の持味と内容の差による文体の違いなども手を着けずに残された．その他にも種々の不備が残っていると思われるが，それらは将来機会をみて修正したいと考えているので，お気付きの点は指摘していただければ幸いである．
　終りに，朝倉書店編集部の方々のお世話と努力に対し，執筆者一同を代表して感謝する．

1979年3月

編集者しるす

目　次

I　色とは何か
1. 色の知覚と心理　……〔大山　正〕1
- 1.1. 色は感覚である　1
- 1.2. ニュートンの色の研究　4
- 1.3. ゲーテの色彩論　9
- 1.4. 三色説　13
- 1.5. 反対色説　16
- 1.6. 色の分類と表示　19
- 1.7. 視覚の基礎過程と色の見え方　26
- 1.8. 色の心理的効果　35

2. 色覚の生理と異常　……〔石川　清〕43
- 2.1. 光の経路と視覚情報の伝達　43
- 2.2. 色覚異常　47

3. 発光と吸収―色光の発生　‥〔深尾　謹之介〕52
- 3.1. 色　光　52
- 3.2. 発光の種類　53
- 3.3. 温度放射　53
- 3.4. ルミネッセンス　54
- 3.5. 吸　収　57
- 3.6. その他　58

4. 色の物理と表示　……〔江森　康文〕61
- 4.1. 物体の反射率と色　61
- 4.2. 眼の視感度　64

4.3. 色の数値的表し方　65
4.4. 等色関数による色の表示　69
4.5. 色度図　73
4.6. 光源の演色性　76
5. 照明と色彩　‥‥‥‥〔川瀬　太郎〕77
5.1. 人工照明の歴史　77
5.2. 色温度　78
5.3. 白熱電球　79
5.4. 放電燈の特徴　80
5.5. 蛍光ランプ　80
5.6. ナトリウムランプ　81
5.7. キセノンランプ　81
5.8. 水銀ランプ　82
5.9. 光源の演色性　82

II　色の再現

6. 染料と顔料　‥‥‥‥〔飯田　弘忠〕85
6.1. 天然染料と染色史　86
6.2. 合成染料の誕生　88
6.3. 染料・顔料の化学構造と色　89
6.4. 染顔料の種類とその合成　90
6.5. 工業的染色と家庭染色　92
6.6. 強い染料と弱い染料　92
6.7. 衣料中の染料の原価　93
6.8. 食品用染料・雑貨染色　94
6.9. 最近の動向　94

7. カラー印刷　･･･････〔国司　龍郎〕96
　7.1. 版式による分類　97
　7.2. 三原色法による色複製　99
　7.3. 特色インキによる多色刷り　106
　7.4. 印刷複製物の特徴と問題点　108

8. カラー写真　･･･････〔久保　走一〕111
　8.1. 加法混色カラー写真　112
　8.2. 減法混色カラー写真　114
　8.3. 発色現像　115
　8.4. 実用されているカラー感光材料　116

9. カラーテレビジョン　････〔小郷　寛〕126
　9.1. テレビジョンの原理　126
　9.2. 光電変換　133
　9.3. 視覚と色情報　138

III　生活環境と色

10. 植物の色　･･････････････　143
　I. 植物の色と生活環境　･･〔横井　政人〕143
　　10.I.1. 生命力のある色　143
　　10.I.2. 植物の色名　143
　　10.I.3. 植物の色の表し方　144
　　10.I.4. 植物の発色の機構　145
　　10.I.5. 植物の葉の分光反射率　146
　　10.I.6. 植物色素と発色　149
　　10.I.7. その他の植物特有の発色メカニズム　153
　II. 生活環境からみた植物の色　〔本多　侔〕155
　　10.II.1. 植物のミドリと人間の生活　155

10.Ⅱ.2. 光合成という化学産業　155
10.Ⅱ.3. 大気浄化のはたらき　156
10.Ⅱ.4. 樹木と季節感　160
10.Ⅱ.5. 庭　園　162
11. 景観の色彩（建築の外装色について）
〔重田　良一〕163
11.1. 景観における外装色の見え　164
11.2. 景観の維持と外装色　166
11.3. 二つの例，二つの突出　168
11.4. ヨーロッパで見た外装色　169
11.5. 都市計画と色彩計画　171
11.6. 風土の色彩と色彩計画　175

Ⅳ　色と文化

12. 日本人と色　………〔湊　幸衞〕181
12.1. 色に対する意識と文化　181
12.2. 日本の色　183
12.3. 色料からみた日本の色　186
12.4. 色名と色概念　190
13. 画家と色彩　………〔赤穴　宏〕199
13.1. 描画技法の発展と色　199
13.2. 日本における空間と色　209
13.3. 色とイメージ　212
13.4. 色彩感覚と文化　217

文　献　………………220
索　引　………………225

Ⅰ 色とは何か

1 色の知覚と心理

1.1. 色は感覚である
(1) 光線には色がついていない

われわれは，青い空，緑の野，赤い屋根，黄のシャツなどと，カラフルな世界に住んでいる．しかし，厳密にいえば，青という色は天空についたものでもなければ，緑の色は草の性質でもない．空の大気は，人間が青と感じる波長の光を多く散乱させ，草は人間が緑と感じる波長の光を多く反射させているにすぎない．自然界に存在するのは，ある波長の光(電磁波)をとくに反射しやすい物体や，ある波長の光を他より多く発している物質である．

物理学者ニュートン(I. Newton)は，色の研究においてもすぐれた貢献をしているが，1704年に出版した著書『光学』のなかで「光線には色がついていない」(The Rays are not coloured.)という有名な言葉を述べている．これは色というものは光線が眼に入り，大脳の感覚領に刺激が伝えられたときに初めて生じる感覚であって，光線はそのような感覚を生じさせるきっかけをつくる役をしているにすぎない，ということを述べたものである．赤い光と通常いっている光は，厳密にいえば，その光が眼に入ると赤の感覚が生じる光のことであって，光自体は赤くはない．その光は赤の感覚をよび起こす潜在的な性質をもっているにすぎないのである．人の眼に入らなければ，そのような性質が発揮される機会がないから，その光が赤いとはいえないわけである．そこでニュートンは赤い光線，緑の光線といわず，赤をつくる光線(Red-making Ray)，緑をつくる光線(Green-making Ray)とよぶべきだとしている．このように，光の

物理的性質と感覚的性質を明確に分けている点で、さすがにニュートンは偉大な科学者である．

今日われわれが赤と感じている光と同じ物理的性質をもつ光は，おそらく宇宙の誕生とともにあったであろう．しかし，色というものは，その光を赤と感じる人類，ないし，人類と類似の動物の発生とともに，初めて生まれたものである．したがって，色について論ずるには，それを見る人の感覚機能について知らなければならない．これは当然のことなのであるが，色の体験があまりにもリアルで，多くの人々にほぼ共通しているので，われわれは色があたかも客観的，物理的存在のように錯覚しがちである．

われわれは，日ごろ「あの青いセーターをとってくれ」とか「あの赤い表紙の本」とかいい，「あの青く見えるセーターをとってください」とか「あの赤く見える本」とかいうことはない．正常な色覚をもつ人間相互では，これで十分に正確なコミュニケーションが成り立つのであるが，色盲者や人間以外の動物あるいはカメラや分光光度計などの機器が仲間に入ってくると，このような直観的な方法では，正確な色の伝達は困難になってくる．

われわれ自身が人間であるために，人間の色覚の問題はあまりに身近すぎて，かえってよく理解されていない場合がある．そこで，動物はどのような色覚をもっているかを考えてみると，われわれ人間の色覚を，自分自身の体験から離れて見直してみることができるだろう．

（2） ミツバチの色覚

動物のなかで，色覚の研究が比較的早くから組織的になされているミツバチの色覚の研究は，先年ノーベル生理学賞を授与されたオーストリア生まれの生理学者フォン・フリッシュ(K. von Frish)によって始められた．

彼はミツバチの行動から，その色覚を次のような方法で研究した．彼は，たとえば赤と青の色紙を並べ，それぞれの中央にガラス皿をのせ，その一方だけに砂糖水を入れてミツバチの巣の近くに置いた．すると，ミツバチたちは飛んできて，その砂糖水をのむ．ミツバチにそのような経験をつませておいてから，ガラス皿を取り去ってみると，ミツバチたちは，砂糖水があったのが赤い

色紙の方ならば，赤の色紙に集まり，青の上に砂糖水が置いてあったならば，青の色紙の上に集まった．その際，位置を手掛かりにしないように二つの色紙の位置を入れ換えたり，においを手掛かりにしないように色紙をガラス板でおおっても，間違いなく正しい色紙にミツバチは集まった．これはミツバチが赤と青の色紙を，確かに区別していることを示している．

それでは，ミツバチは赤と青の色を感じることができるのであろうか．それは，これだけの実験では何ともいえない．色を感じることができなくても，明るさの差によって2種の色紙を区別することもできるからである．そこで彼は，次に赤紙に集まるように訓練したミツバチには，その赤紙を白と黒と種々の明るさの灰色紙と一緒に並べて提示した．すると，ミツバチは赤にも集まったが，黒と暗灰にも集まった．青紙に集まるように訓練したミツバチにも同様のテストをしたところ，それらのミツバチは青紙にだけ集まり，黒や灰にはとまらなかった．この実験結果は，ミツバチは青を赤とも白，灰，黒とも区別できるが，赤は黒，暗灰と同じように見ているらしいことを示している．

フォン・フリッシュと彼の弟子たちが，その後，色紙の代わりにプリズムを用いて得たスペクトル光を用いて，このような方法で研究した結果，ミツバチの色覚について次のようなことがわかった．ミツバチの可視範囲は人間と違い，長波長側は狭く，人間が赤と感じる 650 nm〔ナノメートル．1 m の 10 億分の 1，ミリミクロン(mμ)と同じ〕以上の波長の光は，ちょうど人間が赤外線を見ることができないように，ミツバチには見えない．そのため，赤と黒とを混同するのである．一方短波長側が人間より広く，人間には見えない 300〜400 nm の紫外線が見え，そこに独特の色を感じるらしい．

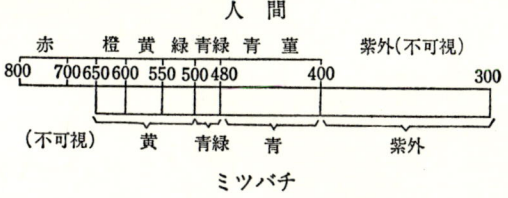

図1 人間とミツバチの色覚

すなわち，ミツバチの色覚を研究する際に，人間である研究者は，自分の眼をたよりに刺激を選択するのは危険である．その刺激として用いる色紙が，紫

外線を反射しているとすれば,それを反射していない場合と,ミツバチには全く違った色に見えるはずである.ところが,研究者の眼では,その差は全くわからない.したがって,この種の研究では波長がはっきりした光が望ましいのである.

このミツバチが紫外線に対して感じる色の例を考えてみるとき,色は外界の物に付属した性質ではなく,それを見るものの感覚であることがさらに明らかになるであろう.

1.2. ニュートンの色の研究

(1) カラーテレビジョンの黄色

われわれは,カラーテレビジョンのブラウン管上に,さまざまの鮮やかな色を見ることができる.しかし,これは9章で述べられるように,長波長(赤),中波長(緑),短波長(青)の3種の無数の光点からできている.われわれはブラウン管上に鮮やかな黄色を見ることができるが,スペクトル中で最も黄らしく見える570nm付近の光は,ブラウン管からはそれほど発せられていない.黄色に見えている部分は,多数の赤と緑の光点が同時に光っているにすぎない.それらの光点があまりにも小さいので,われわれの眼にはひとつひとつ区別して見ることができないのである.そして,赤の光と緑の光が同時にわれわれの眼のほぼ同じ箇所に到達すると,われわれはその位置に黄を感じるのである,これが混色(colour mixture)である.

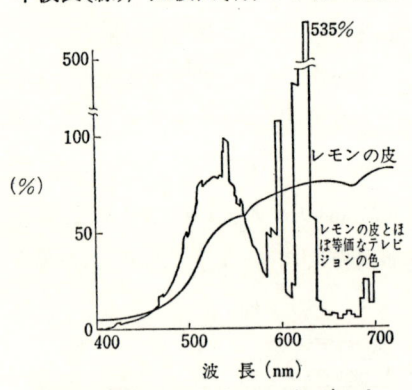

図2 実際のレモンとテレビに映ったレモンの分光分布曲線.これだけ分光分布曲線が違っていてもほぼ同じ黄に見える.

テレビ局のスタジオにいる出演者が着ている黄色のドレスは,570nm付近の光をたくさん反射しているはずなのに,ブラウン管上の彼女のドレスはその光

を発していない.分光光度計を用いて測ってみれば,この違いはたちまちわかるが,人間の眼ではその区別がわからないのである.もし,この点で人間より優れた生物がいてカラーテレビジョンを見たら,その差がわからずに化物のような膚色をしたテレビジョン画面の人物を見とれている人間を不思議に思うであろう.このように混色は一種の錯覚であり人間の感覚の不完全さを示すものであるが,カラーテレビジョンはその錯覚をうまく利用しているのである.カラーテレビジョンはスタジオの物体が反射している光の分光分布を再現しているのではなく,視聴者が同じ感覚を得られるような光を発しているにすぎない.

このような混色は,プロジェクターを使って実験してみせることができる.3台のプロジェクターでスクリーンにそれぞれ円形の光を投影する.3台のプロジェクターの前にはそれぞれ,赤,緑,青のフィルターを付ける.するとスクリーン上には赤の円と緑の円と青の円が写し出されるが,それらの円を少しずつ重ねておくと,いろいろな組合せの混合をつくることができる.うまくプロジェクターの明るさを調節すると,口絵5のように,三つの円が重なったところが白,赤円と緑円が重なったところが黄,緑円と青円の重なったところが青緑,青円と赤円が重なったところが紫となる.これらはすべて'混色'という感覚現象の結果生まれたものである.さらに,プロジェクターの明るさをさまざまに調節してみれば,円の重なったところの色はさまざまに変わり,ほとんどすべての色をスクリーン上に写しだすことができる.このような混色を加法混色という.

(2) ニュートンの混色の実験

この混色の現象を初めて組織的に研究したのがニュートンである.彼は今から300年も前に,プリズムとレンズだけをたくみに用いて,見事な実験を行った.まず図3のAのような小穴を通して太陽光(W_1)を暗室に導き,第一のプリズム(P_1)を通過させると,光が分散して上下に

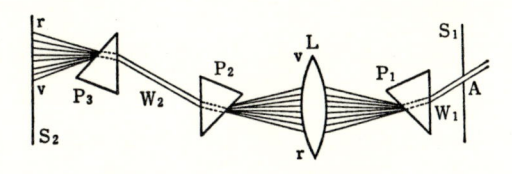

図3 ニュートンの混色実験

広がる．もし図のLの位置に白紙を置くと，そこには，下から赤(red)，橙(orange)，黄(yellow)，緑(green)，青(blue)，藍(indigo)，すみれ(violet)と変化する帯状の光(スペクトル)(口絵4参照)が照らし出される．この7色はニュートンが助手とともに自分たちの眼で見出した色の区分で，後に虹の7色として広く知られるようになった(この場合紫は，赤と青ないしすみれを混色して得られる色と考えるので，スペクトル中にはない)．ニュートンは，太陽光は7種の光の合成から成りそれぞれプリズムを通過する際の屈折の角度が異なるとともに，その色が異なるのだと考えた．もちろん，今日では波長が連続的に変化するさまざまな光が太陽光に含まれ，波長の変化とともに，色も，長波長に対応する赤から短波長に対応するすみれまで，連続的に変化すると考える．いわゆる虹の7色はそのなかでとくに目立つ色を便宜的に取出したものにすぎない．

ニュートンはつぎに図3の装置を用いて混色の実験を行っている．プリズム(P_1)でスペクトルに分散した光をレンズ(L)で再び集光し，P_2に第二のプリズムを置き，その後のW_2の位置に白紙を置いて調べてみると，一度7色に分かれた光が再び白色光にもどっていることが実証される．この合成された白色光は小穴Aから導入した太陽光と同じものである．それは，その白色光(W_2)を第三のプリズム(P_3)を通過させると，再びS_2において赤からすみれまでのスペクトルに分かれることで確かめられる．つまり，白色光が7色の光に分かれ，その7色の光が集まって再び同じ白色光となるのである．これは何度でも繰返すことができる．この事実は，白と黒が基本の色で，その2色の接触によって他のすべての色ができるとする古代ギリシャ以来の考えを，根本的にくつがえすものであった点で非常に重要である．

ところで，レンズ(L)で集光させる前にスペクトル中の一部の光をさえぎったならばどうであろうか．たとえば，スペクトル中の赤の部分をさえぎり，残りを集光させれば，集光した光は赤の補色の青緑にみえる．また，スペクトル中の赤と緑のみを通し，他をさえぎると，集光した光は黄色にみえる．この黄色の光はスペクトル中の黄色とほとんど同じ色に見えるが，物理的には異なったものであることは，その光を再びプリズムを通過させると再び赤と緑に分か

れる事実で確かめられる．これが前述のカラーテレビジョンの場合と同じ混色の現象である．

この例のように二つの光を同時に集光させる場合だけでなく，二つの光を交互にさえぎったり通したり急速に交替させた場合にも，同じような混色が生じる．後者の場合には，物理的に二つの光が混合する瞬間は全くないわけだから，混色の現象は感覚上の現象であることがわかる．赤とすみれの色を混合すればスペクトル中にはない紫色が生じる．また補色関係の二つの色の光，あるいは適当な三色光を混ぜると，スペクトル全体を混ぜた場合と同じ白色が生じる．

（3）色 円

ニュートンは，混色によって生じる色を予想するために，図4に示すような色円(colour circle)を考察した．スペクトルの7色の両端を接続させて円環をつくり，7色がスペクトル中で占める幅の割合に従って円周を分割したものである．この色円を用いて，力学の重心の原理のアナロジーにより混色で生じる色を予測するのである．つまり，円周上におけるそれぞれの色の部分の中央をP～X点とし，それぞれの色光の混合量に比例した重さが，それらの点に加わったと仮定する．そして，それら全体の重心の位置を重心の原理で求めると，混色で見

図 4 ニュートンの色円

える色に対応しているというのである．たとえば，緑色光と藍色光を等量ずつ混合すれば，S点とV点を直線で結んだ際の中点に相当する色が生じる．このSとVの中点に重心がくるようにする方法はほかにもいろいろある．たとえば，T点で表されるスペクトル中の青色光と，円の中心として表される白色光を適当な割合で混合した際の重心位置と一致する．この事実からわかるように，求められた点は青色を表しているが，スペクトル中の青色より鮮やかさが劣る．

このようにして混色が予測できるならば，色円上で反対側にある二つの光を混合すれば白色に近い色が生じること，比較的類似した二色光を混ぜれば，その中間の色相のやや彩度（鮮やかさ）が低い色が生じることなどが説明できる．しかし，残念ながら，この色円では混色の完全な数量的予測はできない．アイデアは正しかったが，出発となる図中のスペクトル光の位置が不適当なのである．今日では，この重心法則が完全に成り立つように色円を変形させて各色を表す点の配置を調整させた図が考案されている．これが4章で述べられる色度図（chromaticity diagram）である．

（4） 物体の色

物体の色が，その表面の反射特性に依存していることは，ニュートンによって次のようにして実験的に確かめられた．すなわち，彼は，プリズムによって分けられた7種の光のひとつひとつで同一の物体を照らしてみたのである．どんな物体でも赤色光で照らせば赤くみえるが，その明るさは物体の種類によって非常に異なる．白色光下で赤く見える物体は赤色光下で明るく輝くが，緑色光下では明るさを減じ，青色光下ではさらに暗く見えた．ところが，白色光下で青く見える物体は赤色光下では暗く，緑色光下ではそれより明るくなり，青色光下ではもっと明るくなった．いずれの場合も，物体の色は照明の光の色とともに変わって見えた．このように，それぞれの物体は7種の光に対して，それぞれ異なった反射率をもっている．

7種の光を含む太陽光の下にそれらの物体を置くと，その物体は7種の光をすべて反射する．そしてそれらの7種の光が混合した色に見える．ただし，その物体が反射する7種の光の比率は，物体ごとに異なるから，その物体は，7種の光に対するその物体自体の反射率に応じた割合で，7種の光を混色した色に見えるのである．たとえば，赤色光を最もよく反射する物体ならば，赤色が優勢な色と見える．今日では白色光は7種の光でなく，波長が連続的に変化する光を含んでいることが知られているから，波長の変化に応じた物体の反射率の変化すなわち分光反射率を問題とする点が異なっているが，その他の点では今日でもニュートンと同じ考えで物体の色が説明されている（4章参照）．

1.3. ゲーテの色彩論
（1） ニュートンとゲーテ

　ニュートンの色彩の研究ときわめて対照的な存在が，ゲーテ(W. Goethe)のそれである．彼は『色彩論』(Zur Farbenlehre)を1810年に著わし，ニュートンに挑戦している．彼は色を生じさせる物理条件の記述と統制に関してはニュートンにとても及ばなかったが，色を見る際の主体的条件の影響については，きわめてすぐれた洞察を示している．とくに，明順応，暗順応，色順応，残像，明るさ対比，色と感情などについては自分自身の体験を通して，すぐれた直観的な観察を行っている．

　つまり，ゲーテの『色彩論』は，ニュートンの色の研究とは全く違った面で，今日の色の科学の大事な土台となっている．いわば，ニュートンとゲーテは相補い合って，今日の色彩学の基礎をつくってくれた恩人といえる．まず，ゲーテの『色彩論』で扱われている視覚のさまざまな現象について，現在の知識を加えて考えてみよう．

（2） 明順応と暗順応

　明るい昼下りに，急に映画館などの暗闇の世界に入り，空席を探すのに苦労をした経験は，誰でももっている．ところがしばらくして，眼が慣れてくると，まわりがしだいによく見えてきて，あとからきた人が，おずおず歩いているのがおかしく感じられる．現在，この現象を暗順応(dark adaptation)とよんでいる．この暗順応のために，客観的には同じ明るさである映画館のなかが，そこに入りたての人と，前からいる人とでは，全く違った明るさに感じられるのである．また，映画を見終わってから外に出ると，しばらくの間，太陽がまぶしくて困る．しかし，これに眼が慣れるのはもっと速い．これが明順応(light adaptation)の過程である．

　暗順応と明順応の過程は光覚閾すなわち光を感じるに必要な最小の光の強度を種々の順応条件下で測り，その変化を調べることによって明らかにすることができる．暗順応が進むと，光覚閾は図5のように，しだいに低下していく．これは暗順応が進むと弱い光でも見えるようになることを示している．つま

り，光に対する感度がしだいに鋭敏になっていくことを意味する．30分間も暗順応すると，光覚閾は1000分の1以下にも低下する（感度は1000倍以上にもなる）．暗順応曲線が図のようにAとBの二つの部分に分かれるのは，網膜中の2種の視細胞である錐体（cone，円錐細胞ともよぶ）と桿体（rod，棒細胞ともよぶ）（2章参照）の順応過程を示している．明順応が始まると，図の右側のように光覚閾が急激に上昇することは，明順応は暗順応よりずっと急速であることを示している．

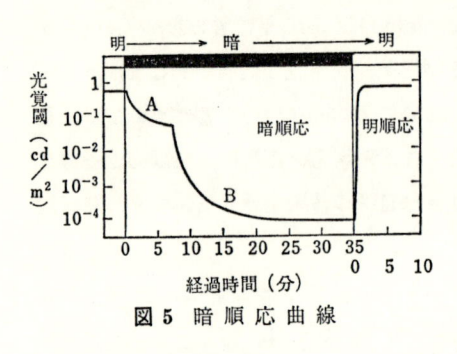

図5 暗順応曲線

日中，高速道路のドライブでトンネルに入ったとき非常に暗く感じ，トンネルを出ると今度はまぶしく感じる．自動車が高速なため，周囲の明るさが急激に変化し，人間の眼の順応が間に合わないのである．最近ではトンネル内の照明を入口近くと出口付近を明るくして，トンネルに入るときと出るときに明るさが急激に変わることを避けるように工夫している．

人間の眼はカメラのフィルムと異なり，周囲の状況によって，網膜の感度が自動的に変化するようになっている．周囲が暗いと感度が増加し，わずかの光にも感じるが，周囲が明るくなると感度が減じる．つまり，一つの網膜で，何種類ものフィルムの役目を果たしている．人間の眼はたいへん便利なものである．しかし網膜の感度の変化は瞬間的に生じないで，若干の時間が必要である．これが前述の暗順応（感度の増加）と明順応（感度の低下）の過程である．

映画館も高速道路もなかったころ，ゲーテはこの明順応と暗順応の現象をよく気づいていて

「強く光に照らされた白い平面に眼を向けると眼は眩惑される．そして，しばらくの間は適度に照らされた対象を見分けることができない．」(7)

「日光に照らされてから，うす暗い場所へ行くと，誰でも最初は何物をも識別することができないが，眼はしだいに感受性を回復してくる．」(10)

と述べ，さらに前者（今日いう明順応）の場合には，眼は極度の緊張と無感覚の状態にあるのだと説明している．現代でもほぼ通用する説明である．なお，『色彩論』は1から920までの番号がふられた短文より成り立っている．引用の末尾の番号はそれを示している．

ゲーテは，このような両極端の眼の状態を重視して，ギリシャ時代にいわれた白と黒の対立に対応するものと考えたらしい．いずれにせよ，見る人の眼の状態によって見え方が大きく変わってくることを指摘したものである．

（3）色順応

このような眼の順応の影響は，明るさの感覚だけに現れるだけではなく，色の感覚にも大きく影響する．われわれが夏の浜辺や冬のスキー場でサングラスをかけるときに，色順応(color adaptation)の現象を明瞭に体験する．

たとえば，青いサングラスをかけたとする．初めはまわりの景色がすべて青味がかって異様に感じられる．ところが，その異様さもいつのまにか気にならなくなり，周囲は普通の色に見えてきて，いつのまにかサングラスをかけていることも忘れるほどである．ところが今度は，サングラスをはずしたときには何も眼の前にないのに，周囲はサングラスの色の補色（青いサングラスなら黄）に見え，異様に感じられる．

この色順応に関して，ゲーテは色の残像について述べたあとで，次のように記している．

「網膜の個々の部分に映ずる有色像の実験において，色の変化が規則的に起こるのと同様に，全網膜がひとつの色で刺激されるときにも同じ現象が起こる．色ガラス板を眼にあててみると，これを確かめることができる．しばらくの間，青いガラス板を通してながめると，その板を除いたあとでは世界が太陽で照らされているように見えるであろう．周囲が秋景色のように無色になっていたときでもそうである．同様に緑色の眼鏡をはずしたあとは，物体は赤みがかった光輝をもって非常に輝いているように見える．」(55)

（4）残像

ゲーテは，残像についても多くの観察を行い，まず

「暁の空を背景にしている窓の横木を鋭く注視した後に，眼を閉じるかあるいは暗黒の場所を振返ってみると，明るい素地の上に黒い横木がしばらく見えるであろう．」(20)

と陽性残像(positive after-image, 明暗関係が原刺激と同一の残像)について述べている．次に

「窓の像の印象がまだ持続しているうちに淡い灰色の面を見ると，十字形が明るくガラス板の部分はかえって暗く見える．」(29)

と陰性残像(negative after-image, 明暗関係が原刺激と逆転した残像)についても記し，それを，網膜の部分的な明順応と暗順応で説明しようとした．つまり，窓ガラスを通した光が達した網膜部分は明順応の状態となり，光に対する感受性が低くなっているが，横木に相当する部分は暗順応の状態にあり，光に対する感受性が高まっている．このように，異なった順応状態にあって，不均一な感受性をもつ網膜に一様な光が当ると，感受性が高まった十字形部分が明るく感じられるのであるとした．これは今日でも通用する説明であろう．

さらに有色残像について

「鮮明に色どられた紙，または絹物の一片を，適度に照らされた白い板の面の前へもっていき，小さな有色の部分を凝視し，しばらくしてから，眼を動かさないで，それを取去ると，他の色のスペクトルが白い板の面に見られる．」(49)

「どんな色がこの反動によってよびおこされるかを簡単に見るためには……すなわち，黄色はすみれ色を，橙色は青色を，紫色は緑色を要求し，また反対に後者は前者を要求する．」(50)

と補色の残像の出現について述べている．

（5） 明るさの対比と色の対比

ゲーテはまず，明るさの対比について，

「黒の素地の上の灰色の像は白い素地の上にある同じ灰色の像よりも非常に明るく見える……目に暗が示されると共に，それは明を要求するのであり，目に明を現わしめるならばそれは暗を要求するのである．」(38)

と述べ，この現象をも明暗の対立の現れとして説明し，明暗の一方が生じれば

他方もその付近に現れやすくなると考えているようである．色彩対比についてはまず

「夕方，薄明の時，燃えている短いろうそくを白い紙の上に置き，これと弱まっていく日光との間に1本のえんぴつを真直に立てる．そして，ろうそくの投ずる陰影が弱い日光で照らされまったくは消されないようにすると，その陰影は非常に美しい青色に見える．」(65)

と，有名な色陰(coloured shadow)の実験を述べ，

「この陰影が青であるということはすぐに認められるが，白い紙が赤味を帯びた黄色の面として作用し，それによって前の青色が眼に要求されたのであるということは注意しなければ理解できない．」(66)

と説明している．夕日とろうそくの光の両方をうけている面は赤味を帯びた黄色となり，その面にかこまれ，ろうそくの光がとどかず夕日だけで照らされた部分(すなわち，ろうそくの光に対するえんぴつの陰)が，周囲の色の補色である青味を帯びてみえるというのである．ここでも相対立する色，すなわち補色の一方が生じれば，他方がその付近で生じやすくなる傾向として，この色彩対比の現象が説明される．

このように，彼は残像と対比に現れる明暗と補色間の対立関係に注目し，それらの対立関係を基礎として彼の色彩論を体系づけようとした．

1.4. 三 色 説

(1) ヤングの仮説

赤，緑，青の光の混色で，ほとんどすべての色をつくり出すことができるという事実にもとづいて，「人間の眼の色覚は赤と緑と青の3種の感覚の組合せでできている」という三色説(trichromatic theory)が生まれてきた．この説を最初にいい出したのは，トーマス・ヤング(Thomas Young)という19世紀初頭の医師であった．彼は，物理学，生物学，生理学をはじめ，古代エジプト文字の解読まで行った幅の広い学者である．

彼は，人間の眼が細かい形の区別ができることでわかるように，網膜の上に

多数の感覚点があって位置の区別をしているうえに,色の区別も細かくするのであるから,非常に多数の視覚神経が能率よく働いているに違いないと考えた.そして数に限度がある視覚神経を能率よく働かせるために,何らかの節約法が用いられているに違いないと推理した.しかし,節約法には,必ず短所があり,それが何かの場合に現れるはずであり,混色がそれであるとした.すなわち,黄専門の視覚神経をもつ代りに,赤専門と緑専門の神経の同時使用で代用されていると考えたのである.これが三色説の基本仮定である.

(2) 三色説の基本原理

いま,こういうたとえを考えてみよう.あるオフィスを,全く別の仕事をしているR氏とG氏が共用しているとしよう.ドアにR氏とG氏の来客用の二つのベルボタンを付けておいて,R氏用は高い音,G氏用は低い音のベルが鳴るようにした.これでR氏とG氏の客を区別できた.そこに,さらにY氏もオフィスを共用するようになった.しかし,Y氏用のベルを新設するのもめんどうなので,「Y氏の客は,二つのベルボタンを同時に押して下さい」とドアに掲示しておくことにした.このアイデアはたいへんうまくゆき,R, G, Y 3氏は,それぞれ自分の客がくれば,ベルの音で知り,共通のドアを自分であけ,自分の客を招き入れることができた.しかし,ある日,高い音と低い音のベルが同時に鳴ったので,Y氏がいそいでドアをあけてみたところ,そこには2人の客が立っていて,それぞれR氏とG氏に会いたい旨述べた.Y氏は,自分の客でもないのに,無駄骨をおった結果となったのである.ベルの節約のうまいアイデアは,2人の客が同時にくることまでは考えていなかったのである.

このたとえ話しの二つのベルボタンは網膜における2種の視細胞で,ベルはそれらと神経線維でつながった大脳中の神経細胞である.R氏,G氏用のベルボタンとは,赤と緑に感じる視細胞であり,Y氏の客とは黄の光である.黄色専門の視細胞がないので,赤と緑の視細胞が黄の光に感じて,同時に大脳に興奮を送ることによって,黄の光の到着を大脳に知らせていると考える.ところが赤光と緑光が同時に到着したため,2種の興奮が同時に大脳に送られ,大脳は黄光の到着と間違えるというのが混色の事実である.

1 色の知覚と心理

もし，R, G, Bの3種のベルボタンをもうければ，その押し方の組合せによって，表1のように，8種の押し方がある．表中の白丸がベルを押すことを，黒丸がベルを押さないことを示している．ここで3種のベルボタンとは3種の視細胞に相当し，3種の興奮の組合せによって，8種の色体験が得られる．さらに，ベルボタンの押し方の強弱などで，もっとたくさんの色情報が容易に伝達できるはずである．

表1 三色説のモデル

感覚\神経興奮	黒	赤	緑	青	黄	青緑	紫	白
赤錐体	●	○	●	●	○	●	○	○
緑錐体	●	●	○	●	○	○	●	○
青錐体	●	●	●	○	●	○	○	○

以上は，三色説の基本的な考え方を示したものである．つまり，それぞれの視細胞は単に光がきたか否か，光がきた場合にはその強弱を大脳に伝え，その光の色に関する性質すなわち波長については何も伝えなくても，波長の異なった光に対する感度特性が違っている視細胞が3種あれば，われわれがいろいろの色を区別できることが説明できるという説である．混色はこの三色説の有力な基礎となっている．この三色説は，その後ドイツの有名な生理学者，かつ物理学者であるヘルムホルツ(H. Helmholtz)によって体系化されたので，今日多くの場合，ヤング-ヘルムホルツの三色説とよばれている．

（3） 生理的基礎

この三色説はヤングによって初めて提唱されて以来，150年以上の間，単なる仮説にすぎなかったが，最近に至りしだいに神経生理学的に実証されつつある．そのひとつは網膜中のごく小さい部分の分光吸収率を測定する物理的方法である．これは，米国のマークス(W. B. Marks)らによって用いられ，網膜中に 2μ(ミクロン)といった小さな光点をあて，その部分の分光吸収率を測定する．もうひとつの方法は，日本の富田が開発した方法で，尖端が直径 0.1μ 以下という超微小の電極を個々の錐体(視細胞)の中に差し込み，いろいろの波長のスペクトルの単色光(波長幅の狭い光)を照射し，電極から記録される電位変化を調べる電気生理学的方法である．どちらの方法によっても，サルや魚の網

膜において，ほぼスペクトルの赤，緑，青の部位にピークをもつ3種の特性曲線が得られており，三色説を支持している．

1.5. 反対色説
(1) 色の諸現象と反対色関係

ゲーテが彼の『色彩論』で繰返し指摘しているように，白と黒，赤と緑(ただし，反対色説(opponent-color theory)でいう赤と緑は，三色説でいうそれらより赤紫と青緑に近い)，黄と青はいろいろな側面において正反対な性質をもつ色である．互いに相補い合い，一方が他の反動として現れる．§1.7で述べるような回転円板を用いて，白と黒を混色すれば灰色となるのと同じように，赤と緑を混色しても青と黄を混色しても灰色に見える．白の残像として黒が現れるように，赤の残像として緑が現れ，黄の残像として青が現れる．対比においても，それらの対の一方の色の背景の上に置かれた灰色小片上に他方の色が現れる．

また，それらの対の両方の性質を同時に備えた色は存在しない．白の性質と黒の性質を同時に備えた色とか，赤と緑の性質を同時に備えた色，黄と青の性質を同時にもった色はない．赤と黄の性質を同時に備えた橙や，緑と青の中間の青緑はあるが，赤緑とか黄青という色は絶対に存在しない．

(2) 反対色説の概要

このような色の対立関係に注目して，独特の色覚の学説を打ち立てたのが19世紀末のヘリング(E. Hering)というドイツの生理学者である．彼は，白と黒，赤と緑，黄と青をそれぞれ '反対色' とよび，それらの対の色の感覚を支えている生理過程はそれぞれ同一であって，同じ生理過程の反対方向の現れが赤と緑の感覚となったり，黄と青の感覚になると考えた．

彼は眼の網膜のなかに，'白-黒物質'，'赤-緑物質'，'黄-青物質' の3種の物質があると仮定し，それらの3種の物質に，それぞれ別々に分解と再合成の化学変化を生じるとした．

たとえば，白色光が網膜に当たれば，'白-黒物質' は分解をつづけ，'白-黒

物質'の分解が白の感覚を生じさせる。一方,光が網膜に当たらなければ,いったん分解した'白-黒物質'は再合成をする。その過程が黒の感覚の基礎となる。

また,この'白-黒物質'の分解が明順応,再合成が暗順応の過程に相当し,分解が進めば,それ以上の分解はだんだん生じにくくなるため,白の感覚が起こりにくくなる。これが明順応による感受性の低下に相当する。それに対して,'白-黒物質'が十分に再合成すれば,再び分解しやすくなる。これが暗順応による感受性の増大に相当する。

また,'赤-緑物質'は赤い光(長波長の光)が眼の網膜に到達すると,分解し,緑の光(中波長の光)が到達すると再合成すると仮定された。この'赤-緑物質'の分解が赤の感覚を生じさせ,'赤-緑物質'の再合成が緑の感覚の基礎となる。網膜の同一の場所で,同じ物質の分解と合成が同時に起こることはないはずだから,同じ箇所に赤と緑を同時に感じることはない。

この物質の分解の進行が赤に対する色順応に相当する。たとえば赤-緑物質の分解が進行するにつれて,それ以上の分解が進みにくくなるため,赤の感覚が生じにくくなる。また,この物質の再合成の進行が緑に対する色順応に相当し,それ以上の再合成を生じにくくする。これが緑に対する感受性の低下となって現れる。

この'赤-緑物質'の連続的分解のあとでは再合成が生じやすく,再合成のあとでは分解が生じやすくなるのが,赤と緑の残像と継時対比の原因と説明される。また,周囲の部分で赤い光に照らされて'赤-緑物質'の分解が進行中であると,その部分に囲まれた網膜部位では,その物質の再合成が進行しやすくなる。このため,その部分で緑の感覚が生じやすい。これが色の同時対比の生理的基礎だという。

'黄-青物質'についても,その分解と再合成が,黄の光と青の光によって起こり,それがそれぞれ黄と青の感覚を生じさせる生理的基礎だと考えれば,黄と青に対する色順応,残像,対比などがうまく説明できる。

また,この説明では,黄を赤,緑,青とともに原色として扱っている点が,前に述べたヤング-ヘルムホルツの三色説と異なっている。黄は,赤の光と緑

の光(反対色説でいう赤橙と黄緑)の混色によって生じることは事実であるが，でき上った黄は赤味も緑味も帯びていない．黄の感覚内容は赤とも緑とも全く違ったものである．その点は，ヘリングの説の方がよく事実に合う．また，この説では，黒を単に，光の感覚がない状態とは考えないで，ひとつの積極的な感覚と考えている点も，われわれの直観的体験とよく一致する．

（3） 生理的基礎

このヘリングの反対色説は，前述のヤング-ヘルムホルツの三色説に対立する色覚説として長く考えられてきた．§1.4で述べたように最近になって，三色説の生理的基礎がつぎつぎと見出され，三色説はもはや仮説でなく，事実とみなされるようになってきた．それならば，三色説と対立する反対色説は誤りであろうか．ところが，おもしろいことに，反対色説に対応するような生理的事実も見出されている．たとえば，米国のデヴァロイス(R. L. DeValois)は，サルを用い，視覚神経系が網膜から大脳へ連絡している途中にある外側膝状体という箇所で，赤い光に対し興奮し，緑の光によって抑制される神経とか，その逆の性質のもの，黄の光で興奮し，青の光で抑制されるもの，それと逆の性質のものなどを見出している．また，ベネズエラのスヴェティチン(G. Svaetichin)とわが国の御手洗玄洋は，魚の網膜中に，赤光と緑光に対して，それぞれ正と負の電位の変化を生じさせる水平細胞と黄光と青光に対し正負の電位を生じさせる水平細胞を見出している．

（4） 段階説

これらの最初の生理学的事実から考えると，三色説も反対色説もいずれも正しく，どちらも否定できないことになる．現在はむしろどちらの説も正しいが，それぞれの説があてはまる生理的段階が違うのであるという‘段階説’の考え方が一般的である．網膜に到達した光は，まず三色説に応じた仕方で受取られ，その光の波長に応じて3種の錐体にそれぞれ異なった興奮を生じさせる．しかし，その後の神経生理的過程では，それらの興奮は反対色説が仮定しているような，興奮と抑制の組合せを生じさせているようである．この意味で，互いに対立した説と考えられてきた三色説も反対色説もいずれも正しかっ

たといえる．事実は，いずれの学説よりも複雑であったのである．

1.6. 色の分類と表示
(1) 色の分類の基準

日常，多種類のことを'いろいろ'というように，色には実にさまざまある．この色を整然と分類するために，誰にでも利用できる基準はつくれないだろうか．その際，色名を用いることは適当ではない．人によって，色名の使い方がやや異なっていることが多いからである．たとえば，赤いセーターを買ってきてくれと他の人に頼んでも，頼んだ人がイメージに描いた赤と，頼まれた人のそれとが非常に異なっていることもある．また，もし色を客観的に規定することができないと，ある製品の部分を，いくつかの工場で別々につくったり，塗装したとき少しずつ違った色にでき上がって，組立ててみると色が一様でない製品ができたり，製品1個1個が少しずつ色が違っていたりすることも起こりうる．

このように考えてみると，色を分類し，それを表示する基準があると，たいへん便利であることがわかる．

色を分類するには，一般に色相(色調ともいう)，明度(明るさ)，彩度(飽和度ともいう)の三つの基準がある．赤，橙，黄などという色名は，一般に色相を表す．同じ赤でも明るさや，鮮かさの異なる多数の色があるように，色相は，明度，彩度とは別の基準である(色調の語は色の調子の意味にも用いる)．

§1.2に述べたニュートンの色円は，赤，橙，黄，緑，青，藍，すみれの順に色が変わり，再びもとの赤にもどるように各色相が配置されている．この色円は，色相を分類するためにたいへん便利なものである．しかし，この色円では，明度の差を表す方法がない．

色の分類は，その後多くの人々によって試みられているが，最も一般的なのは，色相を表す円の中央に，明度を表す軸を加えた図6のような立体形のな

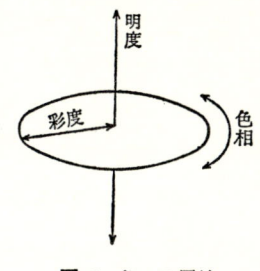

図6 色の3属性

かに，それぞれの色を分類していく方法である．その際，彩度は円の中心からの距離で表される．このような方法で色を分類するシステムのうち，最も広く用いられているのが，日本工業規格（JIS）にも採用されている「マンセルの色体系」である．

（2） マンセルの色体系

これは米国の画家であり，美術教育家であったマンセル（A. H. Munsell）が今世紀初めに考案したものである．言い伝えによると，彼はある日の夕方，夕日に輝くすばらしい景色を写生しているとき，刻々と色が変わってゆくので絵具で色を描いていくのが間に合わなかった．このため，なんとか記号で色をすばやく記録する方法はないかと思いついたという．この思いつきが発展し，「マンセルの色体系」ができ上がった．

彼は，主としてこれを，美術教育用に用いようとしたが，今日では種々の点で改良され，美術教育だけでなく，科学用，工業用として広く用いられている．

「マンセルの色体系」は，色立体ともいわれるように，3次元にひろがったもので，基本は色円に明暗の軸を加えたものである．

色相 マンセルは図7のように，赤（R），黄（Y），緑（G），青（B），紫（P）を五つ基本の色相として，その間にそれらの色名の組合せによる黄赤（YR），緑黄（GY），青緑（BG），紫青（PB），赤紫（RP）の中間色を配し，それらの10色相を基本色相として，色円上に等間隔に配置した．ただし，JISでは'緑黄'でなく'黄緑'，'紫青'でなく'青紫'と日本の慣用に従っているが，記号はあくまでGY，PBを用いている．これらの色相名中には，黄赤のように聞きなれない色名が含まれているが，マンセルが決めたものである．橙とかすみれなどのあいまいな色名はさけて5色名の組合せだけを用いている．黄赤とは普通は橙とよんでいる色に，青紫はすみれに相当する．

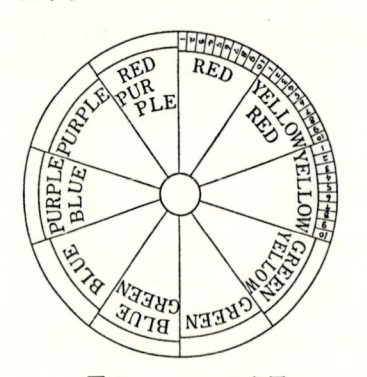

図7 マンセルの色円

この命名法では，複合色相名は常に二つの色相の中間色を示し，青緑と緑味青の違いとか，黄緑と緑味黄の差のような細かい差異は色名では表していない．彼は，それ以上細かな差は番号で表すことにした．すなわち，色相名による 10 基本色相をさらに人間の眼に等しいステップになるように 10 に分割し，全体で 100 色相をつくった．

　たとえば，赤(R)では，1R から 10R までの 10 色相をつくったのである．このうち 5R とか 5YR が，それぞれの基本色相の中心となる色である．たとえば，5R は最も赤らしい赤である．

　100 色相に分けると，5R と 6R の差のような 1 色相の差は非常に細かいもので，人間の眼で見分けることがやっとできるほどである．実用上ちょっと細かすぎるので，マンセルが実際に色見本を並べて，彼の色体系を示した初期の色票帳では，10 の基本色相(5R, 5YR, 5Y など)と，その中間(10R, 10YR, 10Y など)を含めた 20 色相しか色見本は示していない．日本でつくられた JIS の色票帳でも，40 色相(2.5R, 5R, 7.5R, 10R, 2.5YR…)まで細かくすることができたにすぎない．今日用いられている修正マンセルは，米国の各方面の色彩学者たちが委員会をつくって修正したものであるが，100 色相が人間の感覚で等しいステップに並ぶようになっている．

　明　度　この色円の中心には，白から黒までのさまざまの灰色を含む明度の軸が貫通している．この明度の尺度も，人間の眼に黒から白まで等しいステップで順次変化していくものであることが好ましい．反射率ゼロを理想の黒，反射率 100％ を理想の白としたとき，その中間の反射率(視感反射率，4 章参照)の 50％ の灰色の紙は黒と白の中間の灰色に見えるだろうか．実際には，それはかなり明るい灰色となる．反射率に比例した尺度は感覚的には不適当である．マンセルはいろいろと試みて，反射率の平方根が等しいステップで変化するような灰色の系列をつくってみると，見た眼にはほぼ等しいステップで明るさが変化しているように見えるということを発見した．

　このような標準的な灰色の系列を明度尺度とよび，その尺度中のそれぞれの灰色に明度の基準値を与えておいて，種々の製品の灰色の明るさをそれと比較

して明度の数値で表すと便利である．マンセルのつくった明度尺度は，このように反射率の平方根に比例する尺度であったが，その後，多くの人々が，いろいろの明度尺度を提案している．修正マンセルでは，マンセルの考え方を発展させ，明度尺度に関してももっと人の眼の感覚に適合したものが求められている．その関数形は複雑なものであるが，理想の黒を表す明度ゼロから，表2のように決められている．この表を見ればわかるように，明度が低いうちは，明度が1だけ上昇するために必要な反射率の変化は小さいが，明度が高くなると，明度の1ステップに対応する反射率の変化が大きい．このことは，白と黒の中間にあたる明度5は反射率が0％と100％の中間の50％ではなく，約20％に相当することからもわかる．明度の尺度は小数点以下も用い，細かい明るさの差を示すことができる．

表2 修正マンセルの明度尺度

明度	反射率(％)
0	0.00％
1	1.21
2	3.13
3	6.56
4	12.00
5	19.77
6	30.05
7	43.06
8	59.10
9	78.66
10	102.56

これらの明度の尺度は黒→灰→白の系列についてつくられたものであるが，種々の色相の色についても，それに準じて明度を決めることができる．

たとえば，明るい赤は明度が高く，暗い赤は明度が低い．しかし，赤や青などの色が明度ゼロから10まですべての明度があるわけではない．明度ゼロなら黒しかなく，明度10なら白しかありえない．一般に，明度2以下とか，明度8以上の赤や青は，鮮かさ（彩度）のごく低いものしかない．黄では明度が高く彩度も高いものもあるが，明度が中以下の黄は，彩度の低い色しかない．このような色の限界は人の眼の特性によって決まったものである（現実に絵具などでつくれる色はさらに限られている）．このようなわけで，灰色以外では明度は低明度から高明度の全範囲には変化しないが，明度いくらの灰色と等しい明るさに見えるかによって，有彩色の明度が測られる．

彩　度　色を測る三つの尺度のうち，最後の彩度がいちばんわかりにくい．彩度とは，要するに色の鮮かさの程度を示す尺度である．日常，われわれ

は濃い赤とか，淡い赤という．彩度は，色の濃さとだいたい同じと考えてよいが，色の濃さは，色の明るさ（明度）と関連していることが多い．濃い赤というと，明度も中位以下の赤を指すことが多く，淡い赤とか薄い赤というときは，明るい赤をいうことが多い．これに対して彩度は，明度とは無関係であって，同じ明度で彩度の高い赤も低い赤もある．たとえば，明度が5で，彩度が10の非常に鮮かな赤もあれば，明度は同じ5でも，彩度が2の赤もある．彩度の低い色とはどういう色かというと，ある色相（たとえば青）の鮮かな色と，それと同じ明るさの灰色とを後述する混色円板で混ぜた色を考えればよい．灰色を混ぜる量が多いほど彩度が下がり，灰色ばかりになれば彩度はゼロになる．逆にいえば，どんな色相でも彩度がゼロになれば灰色となるのである．ここで大事なことは鮮かな色（純色）と混ぜる灰色は，鮮かな色と同じ明度の灰色であって，黒や白ではないことである．純色に白や黒を混ぜると彩度が変わるに従って明度も変わってしまう．

　マンセルは彩度の尺度をつくるにあたって当時の絵具で描きうる最も鮮かな色を彩度10として，10からゼロまで，目で見て色の鮮かさが等しいステップで変化するように彩度の尺度をつくったようである．今日では，化学の進歩によって，彩度10以上の彩度の色の絵具や塗料をつくることができるようになった．また，初期のマンセル体系では異なった色相，たとえば，赤の彩度と黄の彩度のステップが眼で見て等しくなるようにまでは考慮されていなかったようであるが，修正マンセルでは，その点も考慮されているのである．つまり，色相や明度が異なっても，彩度が同一（たとえば6）ならば，眼で見たとき，同じ鮮かさをもっているように工夫されている．

　色円の円周上には，一般に鮮かな彩度の高い色が並ぶ．その中心に灰色が位置する．ある色相の彩度の低い色は，その色相の彩度の高い色がある円周上の位置と，円の中心とを結んだ直線上に並ぶ．中心に近いほど彩度が低い色が置かれている．

（3）　マンセル色立体の構造

　これらの色相，明度，彩度をそれぞれ方向，高さ，中心からの距離とする

と、マンセルの色体系は、円筒形の色立体となる。このマンセルの色立体の構造を理解するためには、10階建ての円筒形のビルを想像してみるとよい。そのビルには、中心にエレベーターが貫通していて、地下から10階まで通じている。地下と10階は、エレベーターの周囲を囲む小さなロビーがあるだけで、地下のロビーは真黒に、10階のロビーは真白に塗られている。その他の階では、エレベーターを中心に、10本の廊下が放射線状に通じている。同じ階は同じ明度に塗られ、1階は明度1、2階は明度2というふうに、上の階に行くほどしだいに明るくなる。同一の階では、方向によって色相が異なり、ある方向の廊下に沿って歩いてゆくと、同一の色相、同一の明度で、彩度の異なった色が順々に現れる。エレベーターから離れるほど、彩度は高くなる。

彩度がいちばん高い所で、廊下は行きどまりとなる。したがって、階により、廊下によって行きどまりとなる位置が異なっている。5階では、図8のように、赤(5R)の廊下が最も長く、黄赤(5YR)から赤紫(5PB)までの方角の廊下もかなり長いが、黄(5Y)の廊下は非常に短い。明度が5で彩度が高い黄はないからである。しかし、8階では黄の廊下は長く、赤や紫の廊下は短い。明度8で彩度の高い明るく鮮かな黄は存在するが、そのような赤や青は存在しないからである。

このように、このビルで色が描かれている範囲は、階により、方角によって異なっていて、色が存在する

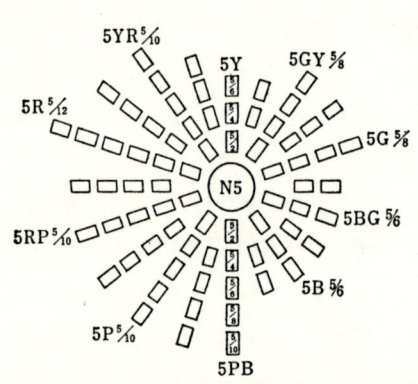

図8 マンセル色立体の明度5の水平断面

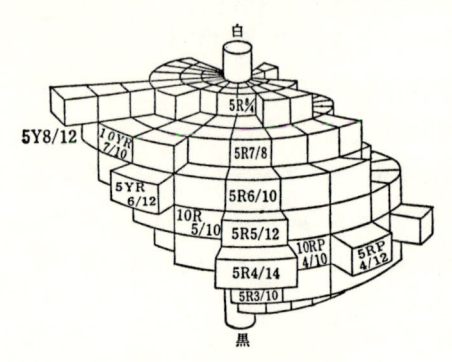

図9 マンセルの色立体

範囲だけ取出してみれば円筒形にはならないで，図9のような凹凸のある立体ができる．この図はマンセルの色立体を外から見たところである．黄(Y)は高明度で彩度の高い色であるので，その部分が突き出し，また赤は明度4で，彩度の高い色があり，色立体がその高さでは赤の方向に最も突き出している．

(4) マンセル体系による色の表示

なにかの色をマンセル体系によって表示したいときには，色票帳と見比べて，それと最も似た色を色票帳中でさがす．ぴったりと一致した色が色票帳のなかになければ，二つの色票の間の値を目で内挿して推定したりして，その色の色相，明度，彩度を決める．たとえば，鮮かな赤らしい赤なら，5R 4/14のように示される．この場合，色相が5R，明度が4，彩度が14である．一般に，色相 明度/彩度の順に記すことになっている．このようにマンセル表示をすれば，特別の色見本と合わせなくても，色は一つに決まってくる．別の工場で塗装したものでも，外国から注文をうけたものでも，同一のマンセル表示であれば同じ色でなければならない．マンセル表示を用いれば，外国から，国際電報ひとつで，製品の色の注文を出すこともできる．マンセル表示は，万国共通の色を表す言葉なのである．

なお，色票帳と調べたい色とを見比べる際には，4章で述べられるような標準光源を用いて両者を照明する必要がある．同じ色票であっても照明によって色が変化して見えるからである．色票帳と試料とを水平に置き，真上から標準光源で照明し，反射面に対し45°方向に眼を位置させて観察する．標準光源がないときは，昼間，窓から入る光を用いるが，太陽の直射光は不適当で，明るい室内で直射光が当らない場所で行う．

(5) その他の色の体系

以上はもっぱらマンセルの色体系について色の分類と表示の方法を述べてきた．しかし，色の分類，表示法はこれに限ったわけではない．4章で述べられる国際照明委員会(Commission Internationale de l'Eclairage; CIE)のXYZ系もそのひとつである．これは，より数量化された厳密な方法であるが，直観的には理解しにくい難点がある．直観的に理解しやすく，比較的普及している

もうひとつの色体系は，ドイツの化学者オストワルト(F. Ostwald)による色体系である．やはり色立体が形成され，白と黒を上下端とするが，マンセルのように凹凸がなく，図10のようにそろばん玉の形をしている．そろばん玉の円周上には24色相の理想の純色が並ぶ．そろばん玉の上側の表面にはそれらの純色と白を種々の割合で混ぜた色が並び，下側の表面には，純色と黒を混色した色が並ぶ．立体の内側には，純色と白と黒の三つを種々の比率で混色した色が含まれる．中心軸に白から黒までの種々の灰色が，明るさの順に並んでいることはマンセル色立体と同様であるが，その尺度はほぼ等比数列に従っている．オストワルト色立体では，マンセル色立体と違い，同じ明度の色が同一水平面上には並ばない．デザイナーなどが利用するColor Harmony Mannual はこのオストワルトの色体系にもとづいている．

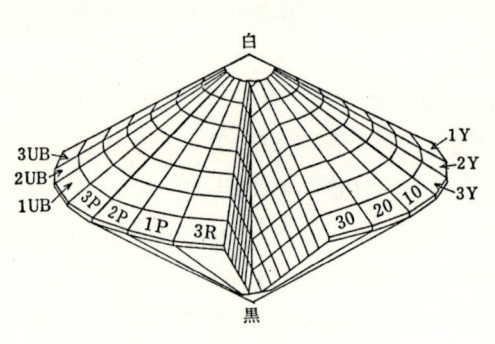

図10 オストワルトの色立体

1.7. 視覚の基礎過程と色の見え方

（1）明所視と暗所視

眼に光が到達しても光が見えるとはかぎらない．その光の強さがある値以上でなければ見えない．その限界を光覚閾という．光覚閾は種々の条件によって変化する．前述のように暗順応すると，光覚閾は低下する．また，光の波長によっても異なる．30分以上暗順応し，510nm の光を用いると，光量子約100個という非常にわずかな光が眼に到達しても，光覚が生じる．眼の角膜の反射，眼球内の吸収などを考慮すると，光量子5〜14個というわずかな光が網膜中の桿体という視細胞（2章参照）に吸収されると光覚が生じる計算になる．

しかし，光を感じても，桿体だけで光を感じた場合〔これを暗所視(scotopic vision)という〕は，色は感じられない．色を感じるためには錐体が興奮しなけ

ればならない〔この状態を明所視(photopic vision)という〕．光に対する錐体の感度は，桿体のそれよりだいぶん鈍い．また，波長に応じた感度特性が錐体と桿体でやや異なっている．網膜の中心には桿体がなく，錐体のみなので，光を注視すると桿体が働かず，光覚閾が上昇する．したがって，光を注視した場合（中心視）と暗順応後，別の点を注視した場合（周辺視）の光覚閾を測り，明所視（錐体）と暗所視（桿体）の特性を調べることができる．図11に中心視と周辺視の光覚閾の曲線が示されている．ともに可視範囲の両端に近づくほど光覚閾が上昇し（感度が下がり），中間で光覚閾が低い（感度が高い）．ただし，最も光覚閾が低くなる波長は，中心視（明所視）で555nm付近，周辺視（暗所視）で510nm付近である．この2曲線は，全体として高さが違い，中心視の曲線の方が周辺視の曲線より高い．そのへだたりは，波長により異なるが，500nm以下では対数で2以上違っている．

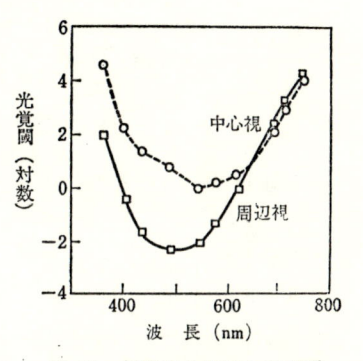

図11 刺激光の波長と光覚閾
(Wald, 1945)

つまり，この波長範囲では，周辺視で光を感じうる限界より100倍以上の強さでないと中心視で光が感じられない．この間の光の強さでは，光が感じられても色は感じられない．色を感じるためには，中心視（明所視）の光覚閾以上の強さの光が眼に達しなければならない．図11でわかるように，650nm以上の波長に対しては，明所視の光覚閾が暗所視よりかえって低いから，光が見える強度に達すれば直ちに色も感じられる．中心視の光覚閾以上の強さであれば，網膜周辺には桿体と錐体の両方があるので，周辺視でも色を見ることができる．ただし，約20°以上の周辺では色覚は不完全となる．

　図12は人の右眼の視野中で色が正しく見える範囲を示している．注視点からの方向によっても異なるが，赤と緑が正しく見える範囲が狭く，視野の中心から10°〜30°であり，青と黄はそれより広く30°〜50°に達する．さらに周辺になると形や明るさが判別できても色はわからない．なお，中心視でも対象

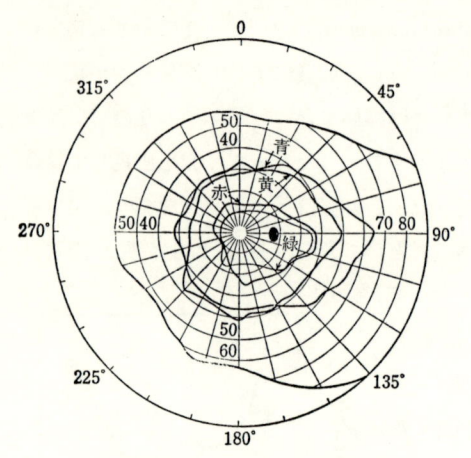

図 12 色が正しく見える視野範囲
（アメリカ光学会，1953）

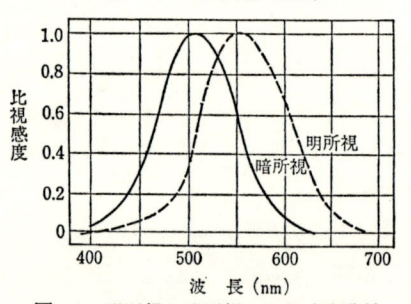

図 13 明所視と暗所視の比視感度曲線

があまりに小さいと（視角で20分以下），色が正しく見えない．とくに青と黄の弁別が悪くなる．これを微小領域第三色盲（small-field tritanopia）という．これは正常者に生じる色覚異常現象である．

　光に対する眼の感度は，光覚閾の逆数として示すことができるが，他の方法（たとえば，波長の違った二つの光が同じ明るさに見えるようにするために必要な光の放射量の比の逆数を求める方法）でも調べられる．図13は，明所視と暗所視の視感度と波長との関係を示したものである．ともに最も感度の高いところを1.00としてある．この比視感度曲線は人によって，年齢によってやや異なるが，CIEでその標準が決められている（4章参照）．この曲線からわかるように，明所視は高波長側（黄，橙，赤）に感度がよく，暗所視では短波長側（緑，青）に感度がよい．したがって，明所視から暗所視に移る際は，赤いものが暗くなり，緑や青のものが相対的に明るくなる．この現象をプルキンエ現象（Purkinje phenomenon）という．完全に暗所視に移れば，色が見えなくなるが，この際も明暗関係は明所視と異なる．たとえば，明所視で同じ明るさに見えた赤と青のものが，暗所視ではともに灰色に見えるが，前者の方が後者より暗い灰色に見える．

（2） 光覚の時間的・空間的特性

交流電源で点燈されている蛍光燈は，電源周波数の 2 倍の周波数，つまり 50 Hz（ヘルツ）地域なら 1 秒間に 100 回，60 Hz 地域なら 120 回点滅しているが，われわれはそれがちらついているとは感じていない．映画の画像は 1 秒間 16 コマないし 24 コマであり，その間に暗黒がはさまっているが，われわれはスムースに連結しているように感じる．人間の眼はどれくらいの点滅まで感じることができるか，その限界(これを CFF，臨界ちらつき頻度という)を調べてみると，一般に暗いと 10 Hz 以下と鈍く，明るいと約 50 Hz まで上昇し，鋭敏になる．いずれにせよ，人間は CFF 以上に頻度が高い明暗の時間的変化は気付かず，平均化した明るさを感じる．

円板に白と黒の紙を半分ずつ張付けて回転させると，回転速度が比較的遅いうちはちらついて感じられるが，ある速度以上だと白も黒も見えず，灰色が見える．カメラで写真をとるとき，一般に露出時間を半分にしたら，絞りを 2 倍にすればフィルムには同じような明るさの写真がうつる．人間の眼もこのフィルムと似ていて，ある限度以下の短時間提示では，光の強度(I)と光の提示時間(T)を掛け合わせた値 ($I \times T$) によって見える明るさが決まる．たとえば，ある光の強度で 100 分の 1 秒提示した場合と，その 10 倍の強度で 1000 分の 1 秒提示した場合は，全く同じ明るさに見える．さらに，図 14 に示されているように，強度 × 時間の積が同一な光は，限界時間内で点滅する限り，すべて同じ明るさに見える．これを，視覚の時間的加重(temporal summation)という．この限界時間は，暗いと約 10 分の 1 秒であるが，明るさの水準が上昇するに従って，それより短くなる．その限界時間以上続けて提示された光は，提示時間に関係なく，そ

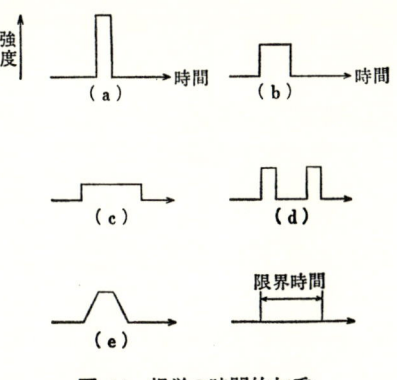

図 14 視覚の時間的加重

の強度によって明るさが決まる.

　このような時間的加重は，異なった波長の光の間でも生じる．その際に感じられる色は前述の加法混色の原理に従って決定される．たとえば，赤い光と緑の光を高速に交互に照射すると，それらを同時に重ねて照射した場合と同様に黄に感じる．ただし，その明るさは，加法混色の光の強度をそれぞれ半分にしたときに等しい(ただし，前述のように，眼に感じる明るさは，光の強度に正比例しないので，2分の1以上の明るさに感じられる)．このような加法混色を中間混色ということがある．たとえば，円板に2種の色紙をはって，はやく回すと混色が生じる．これがその例である．

　夜空に見える星のなかには，一つの星に見えていても，実は2個以上の星である場合がある．これは光学系としての眼の解像力の不足にもよるが，二つ以上の光が網膜上のあまりに近接した場所に結像すると，人の眼はそれを一つの光として感じてしまうのである．その際，明るさは両方の光の強度×面積を単位面積当りに平均化した値に対応する．図14の横軸を時間でなく空間的ひろがりと考えれば，時間的加重とほぼ同じことが空間的にも成立する．この現象を視覚の空間的加重という．新聞の写真のように無数の小さな黒点と白地の面積比で明暗を表しているのは，このような眼の特性を利用している(7章参照)．また，異なった色の小点間でもこのような空間的加重が生じ，混色が起こる．点描画はこの原理に従っている．また，カラーテレビジョンの受像器のブラウン管上には，赤，緑，青の小さい光点が散らばっていて，その光の強さが，電気信号によってコントロールされているのであるが，その間隔が狭いため空間的加重が生じるのである．これも一種の中間混色である(9章参照)．

(3) 波長と色相

　人間の眼に視覚を与える光である可視光線は，図15のように電磁波の一部であり，約380〜780 nmの範囲である．これより，波長が短い光が紫外線，長い光が赤外線である．しかし，この範囲の両端の境は厳密なものでない．380 nm以下は全く見えず，380 nm以上ははっきり見えるといった不連続的な境があるわけではない．個人差もある．図11の比視感度曲線を見ればわかる

1 色の知覚と心理

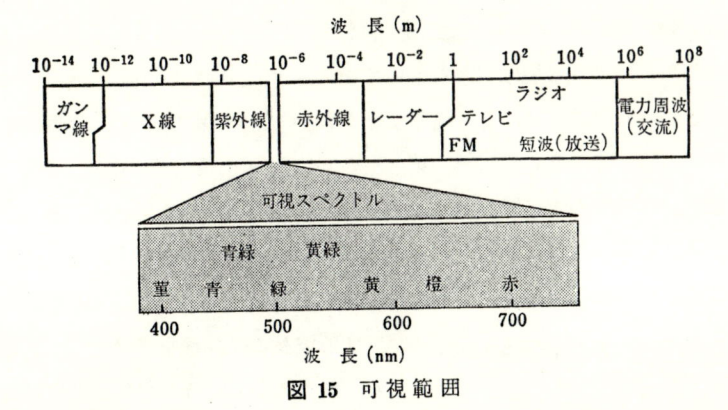

図 15 可視範囲

ように，曲線の両端のすそはなだらかにゼロになっているので，どこでゼロになったとは決めがたい．また，可視範囲の両端近くでは，視感度が非常に低いので，可視範囲内でも光が十分強くないと眼に見えない．いずれにせよ，可視範囲は電磁波のなかの非常に狭い範囲である．可視範囲の上限の波長は下限の約2倍にすぎない．ちなみに，耳で聞こえる音波の範囲は約 20 Hz から 20000 Hz であり，周波数の上限は下限の1000倍に達する．この可聴範囲に比べても可視範囲は狭い．

この可視範囲内に，長波長側を赤とし，短波長側をすみれ(青紫)として，ニュートンの7色のスペクトルが並ぶのである．しかし，それぞれの色は等しい幅をもつわけではないし，ニュートンがかつて推察したように音の周波数と音階の間のような規則的な関係があるわけでもない．図16は24名の観察者に $0.34\,\mathrm{cd/m^2}$ と $3.4\,\mathrm{cd/m^2}$ の2段階の輝度(光の視感強度)において，5nm ずつ波長を変化した単色光(ごく狭い波長範囲の光のみを含んだ光)に対して，

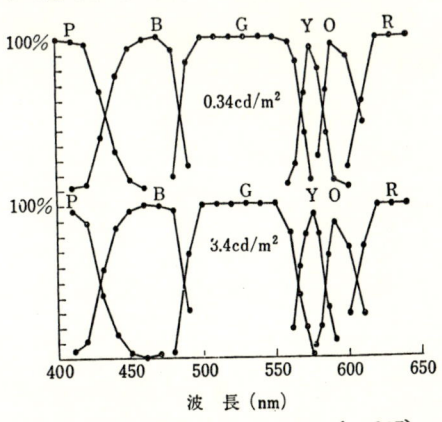

図 16 波長と色名 (Beare & Siegel, 1967)

赤,橙,黄,緑,青,紫の6色名(英語)をあてはめさせた結果を示している.この図から色名の間の境は明確なものでなく,たとえば490nmの光は人によって青といったり緑とよんだりすることがわかる.一般的に,緑の範囲がいちばん広く,青,赤がそれに次ぎ,黄,橙の幅は狭い.長波長の端は,赤が100%となり,短波長の端は紫がほとんどとなる.波長と色名の関係は,個人によりやや異なるが,これは色覚そのものの個人差と,色名の使い方の個人差の両方によると思われる.表3は多数の研究者の研究にもとづいて,10色名に対応する波長の平均値を求めたものである.最も赤らしい赤は可視範囲にはないので,その補色の波長を示した.これらの諸研究の結果を総合してみると,スペクトル中の波長と色名との関係は,表4のようになる.ただし,最も赤らしい赤,紫らしい紫はスペクトルの両端をそれぞれ適当な比率で混色したものであり,表4に示したのは,スペクトル中で赤と紫とよべる範囲である.

図16と表3,4で波長と色相の関係がほぼ示されたが,この関係は光の強度や純度によっても異なる.図16をよく見ると,低い輝度($0.34 cd/m^2$)のときの方が赤と緑の範囲が広く,高い輝度では黄と青の範囲がやや広くなる傾向がある.図16では輝度は10倍にしか変化していないが,もっと大きく変えると,その傾向が顕著になる.この現象をベツォルトーブリュッケ効果(Bezold-Brücke effect)という.また,ある純色と白とを混色すると,彩度が変わるだけでなく,色相もやや変化する.一般に短波長側

表3 各色名に対する中心的波長 (Judd, 1940)

色 名	中心的波長 (nm)
青紫	439
青	472
青緑	495
緑	512
緑黄	566
黄	577
黄橙	589
橙	598
赤橙	(499 c)*
赤	(521 c)*

* スペクトル中にないので補色の波長で示す.

表4 各色名に対するスペクトル範囲

色 名	スペクトル範囲 (nm)
紫	~440
青	440~495
緑	495~565
黄	565~590
橙	590~620
赤	620~

も,長波長側も彩度が下がるほど色相が黄から遠ざかる傾向がある.これをアブニイ効果(Abney effect)という.

人の眼はたいへん微妙なもので,色のごくわずかの差も区別できる.スペクトル光の間であれば,条件がよいと1,2nmの波長の差まで区別できる.これは等しい明るさで波長の異なる二つの光を左右に相接して並べて,その差を比較する方法による.図17はその代表的な結果を示している.縦軸は色相が区別できる波長の最小差,すなわち色相(波長)の弁別閾を示している.430, 490, 580nm付近がとくに弁別閾が低い(弁別がよい).450,530nm付近と可視範囲の両端で,比較的弁別閾が高くなる(弁別が悪い).このように赤,緑,

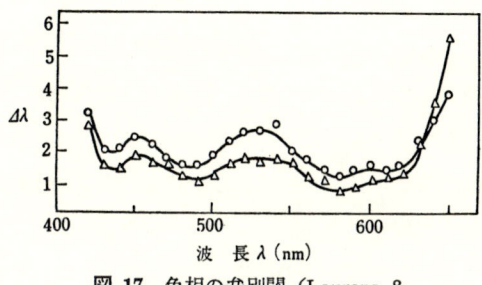

図17 色相の弁別閾 (Laurens & Hamilton, 1923)

青で弁別が悪く,その中間の黄,青緑,青紫で弁別がよいことは興味深い.

(4) 光の色と物の色

いままでは,光の色と物の色を区別しないで述べてきた.確かに物の色といっても,物の表面で反射した光が眼に入って感覚となるのであるから,光の色と本質的には変わらないはずである.しかし,日常体験から考えてみると,ネオンサインの赤と本の表紙の赤とは,ずいぶん違って見える.分光分布が違わず色相も違わない場合でも見え方が異なっている.心理学者であるカッツ(D. Katz)は,このような色の現れ方(mode of appearance)を分類して,前者を光輝(luminosity),後者を表面色(surface color)と名付けた.さらに,空の青や光学器械のなかをのぞいて見える光の色は,そのいずれとも異なった現れ方をする.これを面色(film color)とよんだ.

表面色と面色は名は似ているが,その性質は非常に異なっている.面色として現れる青空の青は,定位がはっきりしていない.自分からどれだけ離れているのかわからない.同じ青でも,シャツの色の青であれば,距離感は明確であ

り，シャツの表面に定着し，シャツの表面の傾きと凹凸に応じた方向を向いている．ところが青空の青はその位置と方向ははっきりせず，だいたい視線に直角の方向を向いているように見える．表面はふわふわして柔らかくつき通せる感じであり，表面色のように硬くはない．

　表面色と面色の大事な差異は，明るさの印象である．表面色の明るさは，最高が白で最低は黒で，それらの上限と下限の間を変化する．前述のマンセルの明度は表面色の明るさを示したものである．ところが，面色の明るさにははっきりした上限はなく，どんどん明るくなる．ただし，あまりに明るいと，自ら光を発しているように見え，前述の光輝の現れ方となる．それに対して，表面色として色が見えるときは，照明の色と物の色とが区別されている．白い物体は暗い照明下に置かれ，わずかの光しか反射しなくても白と見え，黒い物体は明るい照明下に置かれて，多くの光を反射していてもたいていの場合は黒と見える．これを明るさの恒常性(brightness constancy)とよんでいる．これは，おそらく，周囲の明るさとの関連において，人間が照明の明るさと，物の明るさを区別して知覚しているためであろう．しかし，面色の場合は照明の明るさと反射面の面の明るさに分けて知覚されず，単一の明るさとして知覚される．明るさだけでなく色相の知覚においても，表面色では，照明の色と物の色を区別して知覚し，照明光の色が変わっても，物の色はほぼ同じ色に知覚される．これを色の恒常性(color constancy)とよぶ．

　色の現れ方は，このほか，3次元の空間に満ちた色として現れる空間色，色ガラスの色のような透明表面色，色づいた反射面に映った他の物体の色である鏡映表面色などがある．ただし，これらの色の分類は，あくまで見え方の違いを示しているもので，その現れ方が生じる客観条件の差によるものではない．物体の色であっても，小穴を通してみれば，表面色でなく面色に見えることもある．ステンドガラスの色は，物の色として表面色や透明表面色に見えるよりも，青空と同じような面色か，あるいは自ら輝いているような光輝に見える．たくみな画家は，キャンバスの上に塗られた絵具によって，電燈の光も青空の色も表現するのである．図18は3種の明るさの面から成り立っているが，中

央の灰色部分は黒の薄紙を通して見える白面とか，白い膜を通して見える黒面とも見える．物体の色で透明色を表現した例である．ガラスコップのなかのビールの色とか，霧のなかの白色は空間に満ちた色であるが，背景に他の物体の色が認められないときは，面色として現れる．空間の色が空間色として現れるのは，たとえば，ビールの背景に他の食器が見えたり，霧のなかに木が見えるときである．色が生じる客観条

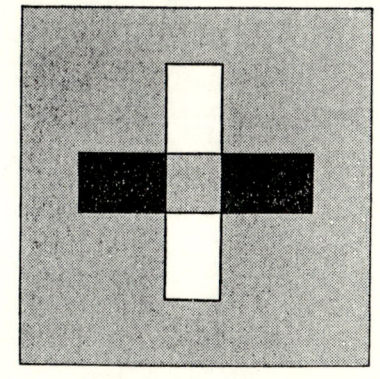

図18 透明視

件とその見え方の間には，単純な一対一の対応があるわけではない．

1.8. 色の心理的効果

（1） 色の感情効果

　同じテレビ番組でもカラーテレビジョンで見たのと白黒テレビジョンで見たのとでは，これが同じ番組かと驚くほど印象が違って見える．歌謡番組では豊富な色彩は，はなやかさを与え，スポーツ番組の青い空と緑の芝生は健康的なすがすがしさを感じさせる．動画ではさまざまな色が楽しさを，ドラマでは色はときにはあこがれを，ときには悲しみを表している．

　このように，色によって人々の心に訴えることができるのは，色によってよび起こされる感情が人々の間で，だいたい共通しているからである．表5は145名の女子短大生に象徴的内容を示す14の単語それぞれについて，最も適した色を16枚の色紙から選んでもらった結果である．それぞれの単語について選んだ人が多い順に三つずつが挙げられている．145名の人が16の色から選ぶのであるから，各人が全くばらばらに選んだならば，それぞれの色にほぼ均等に散らばるはずである．ところが，実際の結果は，単語ごとに一つの色にかなりの人数が集中している．純潔に対する白などは，88％の人が同じ色を選んでいる．いくつかの色に比較的分散している場合でも似た色の間に分散して

表5 象徴語と色（短大生145名中の選択人数）

怒	り	赤	(67),	橙	(20),	黒	(18)
嫉	妬	赤	(36),	紫	(26),	橙	(24)
罪		黒	(57),	中 灰	(50),	青 紫	(11)
永	遠	白	(30),	緑味青	(25),	青	(19)
幸	福	ピンク	(26),	黄 橙	(23),	橙	(20)
孤	独	青	(33),	中 灰	(30),	黒	(21)
平	静	青	(29),	緑	(24),	緑味青	(21)
郷	愁	黄 緑	(28),	緑	(25),	黄橙,青	(21)
家	庭	黄 橙	(40),	橙	(27),	ピンク	(24)
愛		赤	(59),	ピンク	(19),	橙	(18)
純	潔	白	(127),	緑味青	(6),	赤	(3)
夢		ピンク	(40),	緑味青	(22),	黄	(15)
不	安	中 灰	(82),	紫	(10),	黒	(9)
恐	怖	黒	(62),	中 灰	(30),	赤	(12)

いる．共通点のある単語に対しては，選ばれる色も似ている．このような調査結果が生まれるのは，人々がそれぞれの色に対して抱く感情が似ているからであろう．

　人が，さまざまなことがらについて抱く感情的意味を数量的に分析するために用いられる研究法として，米国の心理学者オズグッド(C. E. Osgood)が開発した方法に，セマンティック・ディファレンシャル法(semantic differential; SD法と略す)というものがある．筆者らは，この方法を用いて日米両国の女子学生が16色の色紙それぞれを見て感じる感情を調べた．一般にSD法の尺度は，それぞれ反対の意味をもつ形容詞を両極とした7段階の評定尺度である．たとえ

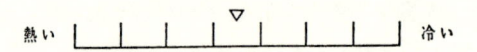

熱い ┃　┃　┃　┃▽┃　┃　┃　┃ 冷い

ば，上図のようなもので，熱くも冷たくも感じないときは，中央の部分に×印を書き入れ，「やや熱い」と感じればその左，「かなり熱い」ならその次，「非常に熱い」なら左端に印を付ける．「やや冷い」「かなり冷い」「非常に冷い」ならば，右側のそれぞれの区画に印を付ける．このほか，安定した—不安定な，かたい—やわらかい，近い—遠い，騒がしい—静かな，女らしい—男らしい，

など全体で35尺度ある．もちろん，米国の女子大生にはそれらに対応した英語を用いる．見せた色紙は，全く同じもので，日本から空輸した．

　このSD法による調査結果は，予想以上に単純なもので，日米両国の差はあまりなかった．35もの尺度を用いたが，それらに対する結果は，互いによく似た3群に分けられた．第一のグループは赤に対して，形容詞の一方の性質をいちばん強くもち，青に対して逆の性質を最も強くもつと評定し，その間の色は，色相順に，順次，中間的性質をもつと評定された．たとえば，熱い―冷いの尺度の結果では，赤が最も熱いと評定され，橙，黄がそれに次ぎ，緑は熱くも冷くもなく，青緑はやや冷く，青が最も冷く評定され，紫で冷さが減り，赤紫が中性となって，赤で再び「最も熱い」にもどるという結果であった．これと似た結果を示したのは，近い―遠い，騒がしい―静かな，危い―安全な，動いている―止まっている，などの尺度であった．この傾向は日米両方で全く変わりなかった．要するに，赤は，最も熱く，近く，騒しく，危なく，動いている色で，青は最も冷く，遠く，静かで，安全で，止まっている色と，日米両国人によって感じられていることがわかった．程度の差こそあれ，前者は赤だけでなく橙，黄などのいわゆる「暖色」(warm colors)に共通した性質であり，後者は青系統の「寒色」(cold colors)に共通した性質である．

　この事実は，こういった色に対する感じ方は，文化の違いによって影響されない，人類共通の傾向であるらしい．もっとも日米2国だけの調査で万国共通とはいえない．最近では，日本人の生活様式はかなり米国人に似てきているので，そのためかもしれない．しかし，後で述べるように，評価に関連したSD尺度の結果では，日米間に差が認められるので，それに比較すれば，暖色と寒色の性質の差は，もっと一般性のあるものといえよう．前述の象徴語と色との対応において，赤を怒り，嫉妬，愛に対応させ，青を孤独と平静に対応させたのも，赤と青のこのような基本的性質によるのであろう．

　日米女子大生のSD調査の結果で共通した結果を示した第二のグループの尺度は，軽い―重い，弱い―強い，浅い―深い，やわらかい―かたい，明るい―暗い，ゆるんだ―緊張した，などである．これらの尺度の結果は，色の明度と

の関連が深く,白と黄で最も軽い,弱い,浅い,やわらかい,ゆるんだ印象を与え,黒,紫などで最も重い,強い,深い,かたい,緊張した感じを生じさせる傾向にある.これも日米両国に共通した結果である.ただし,おもしろいことに,明るい―暗いの判断において,日米間でやや異なっていて,日本人は赤を明るい色と感じているのに対し,アメリカ人は,明るい―暗いを色の明度に応じて判断している.日本人にとっては,明るいというのに単に明度が高いということだけでなく,はなやかな,積極的な象徴的意味をもっていて,赤がそれに該当するのであろう(12章参照).

第三のグループの尺度は,よい―悪い,美しい―みにくい,健康な―不健康な,澄んだ―濁った,新鮮な―腐った,など,好悪や価値に関係のある尺度が含まれている.これらの尺度の結果では,日米間にやや差がある.両国人とも白と黄,緑,青を良く,美しく,健康な澄んだ新鮮な色で,灰,紫,黒を悪い不健康な,濁った,腐った色とみる傾向にあるが,アメリカ人はこれに加えて,赤を美しく,良い,健康な色と見る傾向があり,日本人は黒を比較的美くし,良い色,赤をあまりよくない色とみる傾向がある.このような価値的な判断は,文化によって最も左右されやすいものであろう.

図 19 には白と黒に対する SD 法の結果と,「永遠」「純潔」「恐怖」「罪」などの語に対する印象を同じ SD 法尺度で測定した結果が示されている.白に対

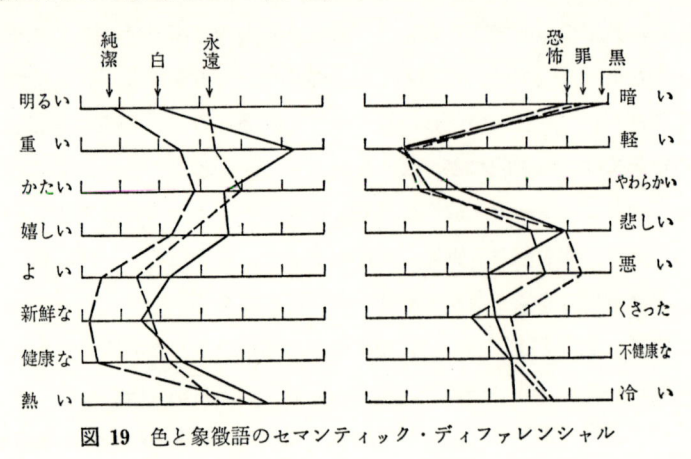

図 19 色と象徴語のセマンティック・ディファレンシャル

する SD 法の結果と「永遠」「純潔」の語に対する結果がよく似ていて，黒に対する結果と「恐怖」「罪」に対する結果がよく似ている．前述のように，白を「純潔」と「永遠」を表すのに最適の色として選び，黒を「恐怖」「罪」の象徴として選ぶのは，SD 法の結果に示されているように，それぞれの色と単語が共通した感情を与えるためであろう．

（2） **色は距離感や大きさ知覚も変える**

抽象画の先駆者といわれるカンディンスキー(W. Kandinsky)は，黄と青とを対立させて，黄は進出運動とともに遠心運動を行うのに対して，青は後退運動とともに求心運動を行うと述べ，この信念を自分の作品に反映させている．一般に，黄は進出色であるとともに膨張色であり，青は後退色であるとともに収縮色であるといわれている．前述の SD 法の結果でも黄は近く，大きいと判断され，青は遠く，小さいと判断されているように，これは間違いではないが，事情はやや複雑である．黄は暖色であるとともに明るい色であり，青は寒色であるとともに比較的暗い色である．このため，黄が進出するのは，暖色のためなのか明るいためなのか明らかでないし，青が収縮してみえるのは，寒色のためか，暗い色であるためかはわからない．

夜空に輝くネオンサインを見ると，同じ位置にあっても赤は前に出て，青は後に見える．この種の現象は，実験心理学の手法で，かなり厳密な測定ができる．筆者らがかつて行った実験について述べよう．窓は密閉され，室内灯は消された実験室の決まった位置に，観察者がいすに座る．図 20 のように観察者から左側の位置にあるついたてにあけられた小窓を通して，種々の色相，明度の色紙が見える．この際，色紙で小窓全面をおおってしまうと，距離感がはっきりしなくなるし，色紙全体が見えると，色紙の見かけの大きさが距離感に間接的な影響

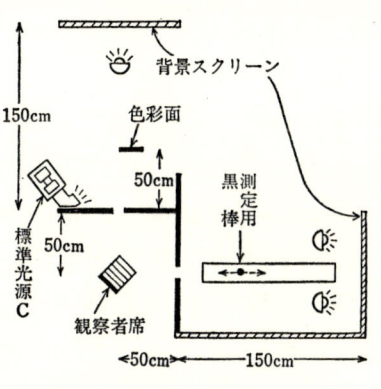

図 20 進出色—後退色の測定

を与えると困るので，色紙の垂直の一辺の縁だけが見えるようにしておく．一方，右側にもうひとつの小窓があって，黒い垂直の棒が白い背景の前に見える．左の色紙の客観的な距離は一定である．色紙の照明は国際的に決まっている標準光源でなされる．右の黒棒の距離は自由に変えることができる．観察者は，左の色紙と右の黒棒を見比べながら，その両方が自分から同じ距離にあると感じられるように，黒棒の位置を調整する．

その結果によると，色紙の色相によって，明らかに黒棒の調整位置が異なる．まず，種々の明度の灰色の色紙を左の窓に提示して黒棒を調整してみると，明度が変わっても，結果は変わらない．ところが，種々の色相の純色(彩度の高い色)を左に提示して，黒棒の調整をしてみると，赤のときは黒棒をいちばん手前に位置させ，橙，黄は少しずつ調整位置が下がり，緑では灰色のときと変わらない位置となる．青緑となると，灰色の場合よりもやや下がり，青のときにいちばん遠くに調整させた．青紫で少し前にきて，紫で灰色とほぼ同じ結果となり，赤紫でそれよりやや前の位置となった．赤と青の位置の差は6cm以上にも達した(観察距離は 1m)．

このような結果を，灰色を基準にしてみると，赤，橙，黄，赤紫が灰色より前に見える進出色(advancing colors)であり，青紫，青，青紫が後退色(receding colors)であるといえる．これは，暖色と寒色の分類に一致する．明度は色紙の反射率で変えられる範囲では影響しないが，背後から照明した透過光によって明るさを大幅に変化させた別の研究では，明るい方が進出して見える傾向が認められた．

このように，進出色—後退色の現象には，明るさも若干影響するが，主として色相によって規定される現象といえる．色相順は波長の順に一致するので，波長によって決まる眼球内の物理的現象である色収差によって，進出色—後退色現象を説明する人もいるが，筆者はこれに反対である．もし，眼球の色収差によってこの現象が生じているなら，赤—黄—緑の色の区別ができない色盲者や，正常者でも色の区別ができなくなる暗所視では進出色—後退色が生じるはずなのに，実験結果はそうはならなかった．色盲者では，色の区別ができる青

と緑では，距離感は明らかに異なっていたが，色の区別ができない赤と緑は，距離感でも差がなかった．また，正常者も暗所視では，色による距離感の差異はなかった．このような事実から，進出色―後退色の現象は単純に色収差によるとは結論できないであろう．

　黄色のセーターを着ると太って見え，黒ならひきしまってみえるとよくいわれる．このような膨張色―収縮色の現象も実験心理学者らは，図21のように種々の色で大きさが一定の円板（実際には円い穴があいた背景の背後に色紙を挿入するので，厳密に同じ大きさになる）を左上に，白紙に種々の直径の輪郭円を黒で描いた比較カードを右下に提示して，それぞれの色円板と等しい大きさに見える輪郭円を求める（ぴったり同じ大きさに見える輪郭円がなくても，内挿法によって主観的に等しく見えるはずの輪郭円を推定する）．この実験結果では，客観的に同一の大きさでも，一般に明るい円板が大きく見え，暗い円板は小さく見えた．黄色は本来明るい色なので大きく見え，青は一般に暗い色なので小さく見える．これはおもに明度の効果によるものであるから，明るい青ならば大きく見える．しかし，色相の効果も否定できない．全く同じ明度ならば，赤の方が青より大きく見える．ただし，この色相の効果は明度の効果に比べて弱く，少し明るい青ならば赤より大きく見える．赤は最も暖色なのであるが一般に明度が低いので，暖色として順位が低くても，明度の高い黄の方が赤よりも膨張して見えるのである．このように膨張色―収縮色は主として明度に規定されるが，暖色―寒色の色相の差にもある程度影響されている．

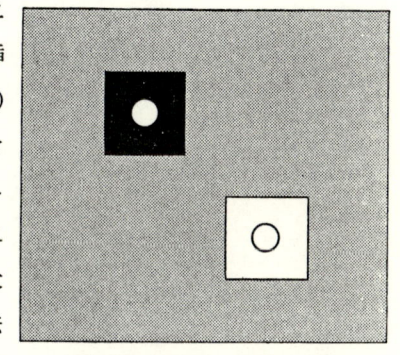

図 21 膨張色―収縮色の測定

　周囲の影響も大きく，周囲が暗いほど一般にそれに囲まれた図形が大きく見える．黒地に白がいちばん大きく，白地に黒がいちばん小さく見える．直径6cmの円で測定してみた結果，黒地に白の円の方が白地に黒の円より，約2mm

も過大視された(観察距離 115 cm).

　このように，色が距離感，大きさ知覚などに与える効果は厳密な測定にたえられる確固たる事実である．色は前述のSD法調査で調べられるような感情的，印象的効果をもつだけでなく，距離，大きさ知覚をはじめ，温度感覚，重さ知覚，時間知覚などにも影響を与えている．このような多くの人々に共通した色彩の心理効果が基礎となって，われわれの環境を取巻く建築，庭園，衣服，種々の製品などの色彩デザインが成り立っていると考えられる．一方，不適切な色彩の使用は，不快感や，落着きなさや，混乱を招く．われわれは色のこのような心理効果を適切に利用して生活を豊かにしていきたいものである．

[大山　正]

2 色覚の生理と異常

「色は光とともにある」という名言があるが，実際昼はカラフルであるが，夜になるととくに強い光がないかぎり闇となってしまう．太陽光線のなかでわれわれが感じうるのはそのほんの一部であって，約 400〜800 nm の間の波長のものだけであって，これが可視光線とよばれている．

赤外線は網膜に達するが光の感覚を起こさず，紫外線は角膜や水晶体に吸収されて網膜に達しない．しばしば夏の海岸や晴れた日のスキーで眼がやられるのは，この紫外線が結膜や角膜に吸収されるためである．

2.1. 光の経路と視覚情報の伝達

光が眼に入ってからどのような経路をたどって脳に達するのであろうか．これを理解するには若干眼の解剖を述べなくてはならない．

（1）眼の構造

図22に示したように外界からきた光は角膜―前房水―瞳孔―水晶体―硝子体―網膜に達するが，眼のなかで光を受容する最も大切なのは網膜である．網膜の構造は図23に示すようにきわめて複雑である．図では厚いように見えるが実際にはきわめて薄く，厚い所でさえ0.4

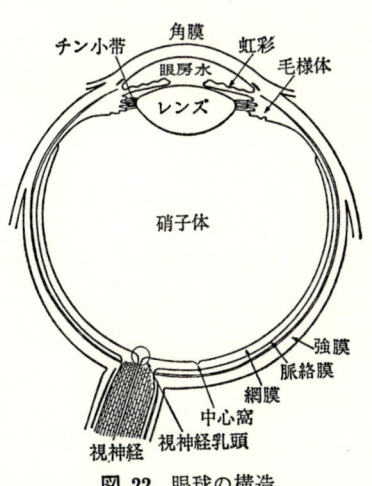

図22 眼球の構造

mm, 中心部では 0.1mm といわれており, しかも 10 層から成っている透明な膜組織であるのには驚かれることと思う. 図からもわかるように, 網膜は硝子体側(内側)から内境界膜－神経線維層－神経節細胞層－内網状層－内顆粒層－外網状層－外顆粒層－外境界膜－視細胞層－色素上皮層の 10 層である. 最外層である色素上皮層のみはフスチン(fuscin)とメラニン顆粒を含み, 活発な代謝を営んでおり, 他の9層と異なって眼杯外壁から発生

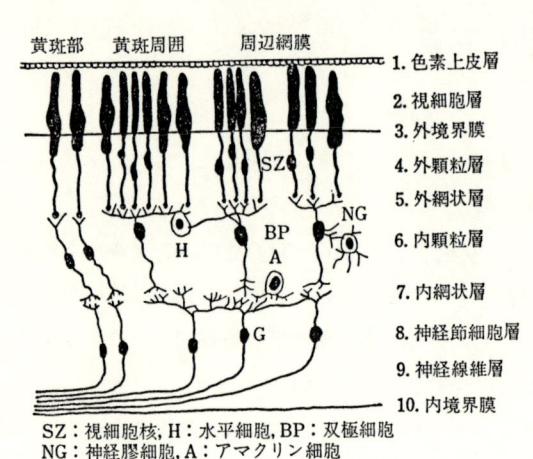

```
黄斑部  黄斑周囲  周辺網膜
                            1. 色素上皮層
                            2. 視細胞層
                            3. 外境界膜
              SZ            4. 外顆粒層
                            5. 外網状層
                  NG
            H   BP A        6. 内顆粒層
                            7. 内網状層
                  G         8. 神経節細胞層
                            9. 神経線維層
                            10. 内境界膜

SZ：視細胞核, H：水平細胞, BP：双極細胞
NG：神経膠細胞, A：アマクリン細胞
G：神経節細胞

図 23  網膜の構造
```

する. 他の9層は眼杯内壁から発生する. このような発生学的な相違から網膜剝離などはこの間から剝離を起こす. 先に光は網膜で受容されると述べたが, まず第一に視細胞層がその場となる. つまり, 光は網膜の内側の各層を素通りして真直ぐに視細胞層に達し受容されるのである. これは視細胞には錐体(cone)と桿体(rod)という2種類の感光細胞があって光を受容するからである(§1.7参照).

(2) 錐体と桿体

われわれが物を凝視するときは, その像は網膜の中央のくぼみ(中心窩, 図24参照)に結ばれるが, ここには錐体が密集しており視力も良く, 色彩を最も鋭敏に感ずる働きを有している. 中心窩での視力は中心視力といい, その他の部位での視力を中心外視力という. 中心外視力は中心窩を離れると急激に視力は低下してくるが, これは錐体の分布は中心窩を離れると急激に減少するためである. 視角 2° 以内の中心窩には約 4000 個の錐体があり, 視角 10° に相当する部分から周辺はほぼ一定の密度になって総数は約 700 万であるといわれて

いる．中心窩にある錐体は図23からわかるように1個の双極細胞，1個の神経節細胞そして1本の視神経線維と1：1の対応を示している点が特徴的で，中心窩の錐体は専用の経路をもち，その刺激を中枢に伝えるということになる．

これに反してそれより周辺の錐体は数個集まって1個の双極細胞と神経節細胞を経て1本の視神経線維に連絡している点が対照的である．ここで改めて中心窩の視力は良好であり，周辺部では視力の悪い点が理解されるし，色についてもきわめて敏感なることが理解されると思う．

一方，桿体は暗い所で弱い光を感ずる機能を有し，錐体とは逆に中心窩には存在せず，眼底周辺に増加し，視角20°～30°に相当する部分で最大密度となる．桿体は中心窩の錐体のごとく視神経線維と1：1の対応はすることなく，中心窩以外の錐体と同じように数個以上が統合されて1本の視神経線維に対応している（図23参照）．人間の視神経線維は約100万本，錐体は700万，桿体は1億2000万といわれており，このように多数の細胞や神経線維があっても色彩感覚は分解し消失することなく，かつきわめて短い時間で認識されるということの事実は神秘のベールともいうべく，その全面的な解明はいまだ今後に残されている．

さて，ここでもうひとつ付け加えておかねばならないことがある．いままで述べたことは錐体と桿体で受容された光の中枢への縦の線のみについて述べたが，各神経要素間の横の連絡について述べなければならない．図23のように内顆粒層には双極細胞のほかに水平細胞とアマクリン細胞がある．水平細胞は外網状層に近くにあって視細胞と双極細胞間の情報の伝達を制御して相互に連絡する役目をしており，またアマクリン細胞は内網状層寄りにあって双極細胞の衝動の一部を遮断して周囲にひろげる役割を果すものとされている．このように刺激伝達系の求心路のほかに横の連絡路が存在するが，実際にどのように生かされているのかの詳細は明らかにされていない．

（3）視神経と大脳中枢

網膜内の神経線維は視神経乳頭（図22参照）に集まって眼球外へ出て中枢へと向う．すなわち，視神経—視交叉—視索—外側膝状体—視放線—視覚中枢と

なる．網膜から大脳皮質中枢に至るまでのノイロン（神経元）は次のように変化していく（図24参照）．

第一ノイロンは双極細胞，第二ノイロンは神経節細胞から第一次視中枢（外側膝状体）まで，第三ノイロンは第一次視中枢から大脳皮質中枢までとなっている．前にも述べたように，錐体約700万，桿体1億2000万の細胞からの光の刺激はノイロンを変えて，かつ水平細胞やアマクリン細胞の横の連絡の介在によって整理，統合されて約100万本の神経線維となって，視神経の中を走り，最高視中枢に達することとなる．最高視中枢の細胞数は5億4000万であるといわれているので，100万本の神経線維は幅ひろがりになるわけである．とくに，中心窩における錐体は神経線維と1：1であるので，最高視中枢における範囲は網膜の中心窩の面積よりはかなり広くなっている．それにもかかわらず形体感覚や色は分解し消失することなく，その解像力の良さには驚かざるをえない．

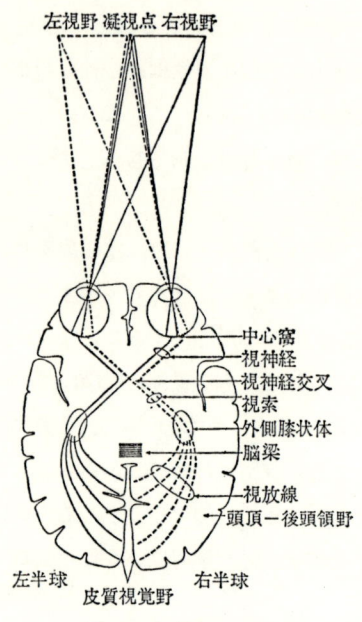

図24 視神経と中枢

（図中ラベル：左視野 凝視点 右視野／中心窩／視神経／視神経交叉／視索／外側膝状体／脳梁／視放線／頭頂−後頭領野／左半球 皮質視覚野 右半球）

以上，光の経路を角膜より大脳皮質中枢までの経路とノイロンを示すと表6のようになり，非常に数多い眼内の各組織，中枢の各関門を通過してくるわけ

表6 光の経路と視覚情報の伝達

眼球内　角膜―前房水―瞳孔―水晶体―硝子体―網膜

網膜内　視細胞―外顆粒層―外網状層―内顆粒層（双極細胞）―内網状層―神経節細胞
　　　　（受容器）←――――――――――（第一ノイロン）――――→（第二ノイロン）←
　　　　―神経線維―（視神経乳頭に入る）

眼球外　視神経―視交叉―視索―外側膝状体―視放線―大脳皮質中枢
　　　　　　　　　　　→（第三ノイロン）←
　　　　　　　　　　　（第一次視中枢）　　　　　（最高視中枢）

で，その複雑さに驚かれると思う．

2.2. 色覚異常

　色覚異常は先天性と後天性に分けられるが，前者が多い．先天性とは遺伝によるものであって，後天性とは眼が病気にかかってその結果起こってくる色覚の異常をいう．先天性の場合は常に両眼性であり，後天性のものは眼の侵され方によって片眼性のことも両眼性のこともありうるわけである．

（1）　先天性色覚異常

（ⅰ）　一般的事項

（1）　遺伝的な色覚の発育不全による．3種のリセプターである錐体の赤，緑，青の有するスペクトルに対する感じ方が先天的に弱いか欠けていることを意味する．

（2）　先にふれたように常に両眼性である．片眼性の色覚異常があった場合は先天性でなく後天性と考えてよい．

（3）　進行性は一般にみられない．たとえば，弱度の色弱から強度の色弱に進むことはない．

（4）　成素間での転換はない．たとえば，赤色盲から緑色盲になることはない．

（5）　自分の色覚の異常を気がつかないことが多い．多くは検査によって初めて知る．

（ⅱ）　頻　度　色覚異常者は意外に多く，男子4〜5％くらい，女子0.5〜1.2％くらいで常に男子に多く見られる．ここに大学生が1000人いて男女500名ずつとすると 500×0.045＋500×0.0075＝22.5＋3.7 となり，男子は22〜23人，女子は3〜4人，計25〜27人の色覚異常者となる(男子は4.5％，女子は0.75％と計算)．日本全体の人口を1億人としてみると285万人となり，大きな社会問題である．

（ⅲ）　遺　伝　第一，第二異常(表7参照)は X 染色体性伴性劣性遺伝を示し，性別によって遺伝形式が異なる．つまり，遺伝質は性染色体にあるが，

表7 先天性色覚異常
正常者　正常三色型色覚
(1) 異常三色型色覚
　　第一色弱 ─── 第一異常
　　第二色弱 ─── 第二異常
　　第三色弱 ─── 第三異常
(2) 二色型色覚
　　第一色盲
　　第二色盲
　　第三色盲
(3) 一色型色覚(全色盲)
　　定　型 ｝ 桿体一色型色覚
　　非定型
　　定　型 ｝ 錐体一色型色覚
　　非定型

女性では2個のX染色体があるので，2個の染色体がともに遺伝質をもたないかぎり症状は発現しない．2個の染色体のうち1個が遺伝質を有するときは症状は出ないし健常にみえるが，キャリヤー(carrier，保因子)となる．2個ともに遺伝質を有するときは色覚異常者となる．このようなことからも女子に色覚異常の少ないことが理解される．これに対して男性は1個のX染色体を有するのみであるから，それに遺伝質があれば必ず症状が出現することになる．したがって，男性には女性とは異なってキャリヤーはない．しばしば問題になるのは，一見健常者に見える夫婦から色覚異常の子どもが生まれて問題となることがある．図25か

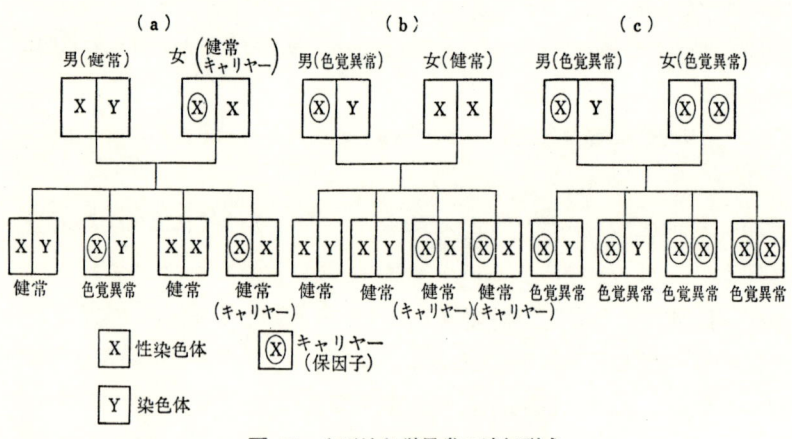

図25 先天性色覚異常の遺伝形式

らその辺の関係を理解することができる．つまり，女性に色覚異常の遺伝質が1個あってキャリヤーだったのである〔図25 (a)〕．ほかに一，二の例を図示〔図25 (b)，(c)〕したが，優性学的見地からも色覚異常のある男性は色覚異常のある女性とはもちろん，キャリヤーの可能性のある女性との結婚は避ける方が賢

明であろう.

　以上は第一,二色覚異常についての遺伝形式であるが,第三異常についてはきわめてまれなもので,確実な症例の存在も疑われているので省略する.

　一色型色覚もまれなものであるが桿体一色型色覚は常染色体性劣性遺伝とされるが,錐体一色型色覚の遺伝型は不明とされている.

　(iv) 分　類　　先天性色覚異常の分類は表7に示した.色盲とか色弱という言葉の有する意味は色を§1.4に述べられた三色説,つまり赤,緑,青の三色に基盤をおいたもので,三つの受容器の一つが欠けたものを二色型色覚(=色盲)とよんでいる.これに対して欠けてはいないが感度(弁色能)に異常があるものを異常三色型色覚(=色弱)とよんでいる.したがって,色盲と色弱とは全く性質の異なるものであるということを念頭におく必要がある.また,一方では色弱には色盲に近い強度の色弱から,正常者に近いきわめて弱度の色弱があって,非常に幅の広いものがあるということも知っておく必要がある.

　以上のことを頭に入れて表7をみると理解しやすい.正常者の感ずるすべての色は3種の色光のある一定の混合によって表されるのが正常三色型色覚という.(1)は同様に3種の色光を必要とするが,その混合率が正常者と異なるものであり,3種の色光の一つが欠けて2種の色光の混合ですべての色が表されるものが二色型色覚であり,1種の色光の明度変化のみで表されるものが一色型色覚(全色盲)である.ここで第一色弱,第一色盲についてはそれぞれ赤色弱,赤色盲を意味しており,赤色光に対して最も興奮を示す成素の機能の低下または脱落しているために起こる色覚異常のことであり,第二色弱,第二色盲は緑に対して同様の機能の低下または脱落によって起こる色覚異常である.現在臨床的には色盲,色弱の区別をやめて色覚異常とし,第一,第二異常の区別とその程度(強度,中等度,軽度)を記すことが一般化しつつあり,色覚に関する診断書にも多くこの方式がとられている.それは前にも述べたように色弱には幅が広いものがあって,種々の検査によっても色盲と区別できないものから,正常に近い軽度のものがあるからである.

（ⅴ）色覚異常の検査

（a）アノマロスコープ：単色光を用いて生理学的に色覚異常を検査するものとして§1.2で述べた混色の原理を用いたアノマロスコープがある．色盲と色弱，軽度の色弱と正常の区別はこの装置によって初めて可能となる．この装置の取扱いには相当の熟練を必要とし，多人数の検査には到底たえられない．学問的な興味は別として一般の色覚異常検査には他の検査法が用いられている．

（b）仮性同色表：この検査の長所としては次のような点があげられる．(1) 検査時間が短時間である．(2) 検者は熟練者であることを要しない．(3) 検査成績が十分信頼できる．(4) 再現性が高いこと．(5) 検査表の入手が容易で，価格が安いこと．(6) 耐久性のあることなどであろう．1973年6月6日の文部省の学校保健法一部改正の通達（文体保第143号）にもあるように，法令で色覚異常の検査を仮性同色表を用いることを指定している．上記の条件に適する国産の検査表として石原表，東京医大式色覚検査表，石原・大熊の色覚異常程度表の3種類があげられる．仮性同色表を用いた場合，色盲と色弱を区別することは全く不可能であり，従来，石原表の旧版の解説では両者を区別できるとされておったが，新版では強度と弱度の異常という程度分類に改められている．この点は大きな進歩であり，従来以上に国際的にもますますその評価は高まるものと思われる．

東京医大表は色覚異常の程度を3段階に，石原・大熊表では4段階に程度分けができる．しかしながら，仮性同色表による検査に際しても問題がないわけではない．そのひとつは検査表の色の変色であり，汚れである．長年使用するときは変色をまぬがれがたい．これは印刷技術の問題であり，印刷インクに粘性をもたせるために油を用いるためといわれている．このたびの文部省の通達にも5年程度で更新が望ましいと書かれている．第二の点は検査時の照明の質と量の問題である．一般には太陽光を用いるのが普通であって，直射光の多く含む南側の窓からの光で検査するよりも，北側の窓の部屋で検査することが望ましい．また照明の量の問題では照度が300～700ルクスがよいとされている．

（c） その他の検査法： その他の検査法には色相配列法，ランタン試験，色分類テストなどがあるが，仮性同色表の方が普遍性があり，かつ上述の諸条件を満足できると思われるので詳細は省略する．

（2） 後天性色覚異常

いろいろな眼疾患によって色覚障害が起こることが示されている．この際，視野検査をすると色視野の狭窄や欠損，色指標への中心暗点が証明されることが多い．疾患としては網膜，脈絡膜，視神経などの疾患にみられる．網膜・脈絡膜疾患(黄斑変性，中心性網脈絡膜症，網膜剝離，ブドウ膜炎，黄斑部出血など)は青，黄の色覚が侵されやすく，視神経疾患(球後視神経炎，緑内障性視神経萎縮，SMON，エサンブトール視神経症，ヒステリーなど)は主として赤，緑の色覚が侵されるとされる． ［石川　清］

3 発光と吸収——色光の発生

色は光が眼に入ることによって生じる感覚であることは，本書でこれまで述べられてきた説明によって明らかになったと思う．この章では，色の感覚を起こすような光はどうしたら発生するのかという，眼に入る以前の問題を一通り簡単に説明するが，これは1～5章の内容に対する基礎であるから，前の章もこの章の内容を頭に入れてから読み直していただければ，さらに理解しやすいだろう．

3.1. 色 光

色の感覚を生じさせるような光を色光ということにする．

光は電波やX線とともに電磁波の一種であるが波長が違う．図15を見れば，人間の眼に感ずる可視光はごく狭い範囲でしかないことがわかる．この可視光は，さらに波長によって違った色に見えることは誰でも知っているだろう（§1.7参照）．これらの色は，波長が変わるにつれて連続的に色が変わるのだから，必ずしも7色に区分しなければならないという根拠はないのだが，ニュートン(I. Newton)以来7色とされている．これらのスペクトル中で見られるような光（正確にいえば波長一定の光）を単色光という．太陽光はこれらの単色光から成り立っているが，それらを集めた太陽光は白く見える．つまり，単色光を均等に含んだ光は，強弱にかかわらず白光である（逆に白色に見えても必ず単色光を均等に含むわけではない．1, 4章を見よ）．色光には単色光が不均等にまたは一部だけ含まれている．

そこで，色光が生ずるには原理的に二つの場合が考えられる．一つは太陽光

のような白色光からある波長の部分を取除いて残りを取出すもの，もう一つは初めから色光を発生させるものである．同じ赤い色光が出るように見えても，自動車のテールランプは，なかに普通の電球が入っているので前者であるし，ネオンサイン(p.54参照)は後者である．

なお，ある光に単色光が均等に含まれるかどうか，不均等だとしたらどの程度かということは，その光をスペクトルに分解して各波長で強度を測ればわかる．この波長による強度の違いは，分光分布として表される．

3.2. 発光の種類

すべての発光は温度放射，ルミネッセンス，運動放射の3種類に分類できる．そのうち運動放射は電子その他の荷電粒子が高速運動するときに電磁波を放射する現象をまとめていうものであるが，この発光は日常に眼に入る機会はほとんどないから省略し，以下，温度放射とルミネッセンスについて述べる．

3.3. 温度放射

溶鉱炉から流れ出る溶融した鉄や溶岩が，ごく高温では白色の光を出して強く輝いているが，温度が下がるに従って，光が弱まるとともに黄→橙→赤→暗赤と色が変わり，最後には可視光は出なくなるが赤外線は出ている(放射される熱でわかる)ことはよく知られている．

すべての固体または液体は，高温度では光を発するが，理想的な場合にはその発光の強さと分光分布，つまり波長による強度の分布は，物質には関係なく温度だけで定まる．まず，放射される光の総エネルギーは絶対温度の4乗に比例する[シュテファン-ボルツマン(Stefan-Boltzmann)の法則]．だから，800°C (1073 K)から1000°C (1273 K)に温度が上がれば，放射されるエネルギーは約2倍になる計算であるが，これは赤外線(この温度では紫外線は出ないと考えてよい)も含めての話で，可視光だけについていえばもっと増えるはずである．これは，放射される光の強さは一様ではなく波長によって違うが，その分布が温度によって変化するからである．プランク(M. Planck)の法則によると，こ

の分布の形とその温度による変化は図 26 のようになり，強さ最大の点の波長は絶対温度に逆比例する．つまり，温度が高くなると山が高くなる(つまり強度が増す)とともに山が全体として短波長の方に移動するわけである．
1000°C くらいでは，可視光の割合はほんのわずかで，放射されるエネルギーの大部分は赤外線である．温度上昇とともに，だんだんに可視光が増加するが，波長の長い方から順に増していくので，先に述べたような色の変化が見られるようになる．

以上のように，温度放射による光は広い範囲にわたって波長が連続しているのが特徴で，そのスペクトルを連続スペクトルという．

白熱電球も温度放射の例である．

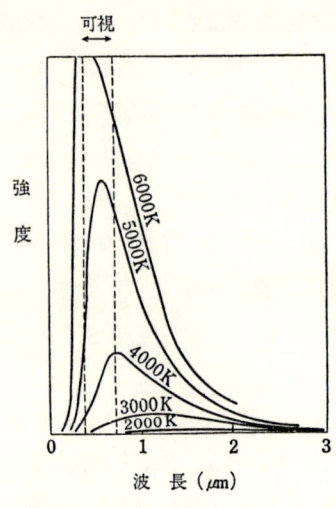

図 26 プランクの法則による分光分布

3.4. ルミネッセンス

原子・分子・結晶などが外部から何らかのエネルギーを吸収すると，普通よりも余計にエネルギーをもった状態になる．これを励起状態というが，この励起状態がエネルギーの低い状態に移るとき，余計なエネルギーを光として放出する．エネルギーが大きいほど光の波長は短い．

ルミネッセンスはたいへん種類が多く，発光物質と励起方法を工夫することにより，単色光に近い光から白光まで種々の色と分光分布をもつ光を発生させることが可能である．

(1) 原子の発光

ネオンサインがその例である．ガラス管に低圧のネオンガスを封じ込み，管の両端の電極に高電圧をかけて放電させると，ネオンの原子が励起されて赤く発光する．ネオンサインでも青色のものは水銀蒸気中の水銀原子の発光である

し，道路の照明に使われるナトリウムランプの黄橙色はナトリウム原子の発光である．これらの光のスペクトルは，温度放射とは違って図27のように波長の違う何本かの線が，あるいは強く，あるいは弱く光って見える．つまり，いくつかの定まった波長の光だけが出ているので，その中間の波長の光はない．このようなものを線スペクトル(line spectrum)といい，原子のルミネッセンスの特徴である．

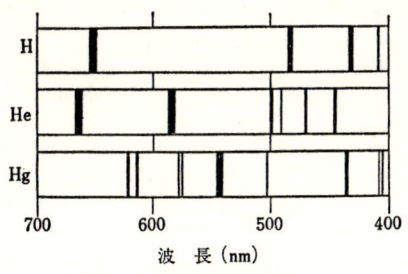

図 27 原子の発光スペクトル
光の強い線は幅が太く見える．

(2) 分子の発光

分子も原子と同じように励起，発光させることができる．分子の発光のスペクトルは，原子の線スペクトルと比較すると，各スペクトル線の幅がひろがっていて，そのため隣の線と重なり合うこともあり，ある限られた範囲ではあるが，波長が連続している．これは帯スペクトル(band spectrum)といわれる．

分子が，光線(紫外，可視)で励起されて発光するのは蛍光の一種である．このときは，吸収する光より発散する光の方が波長が長い．これは吸収された光のエネルギーの一部が，分子内の原子の振動エネルギーに消費されるからである(図28)．

(3) 固体の発光

固体のルミネッセンスは，一般に蛍光といわれるものが多い．励起方法は，光(紫外，可視)，X線，放射線，電子線などさまざまだが，光で励起する場合は，分子の場合と同じく吸収する光より発散する光の方が波長が長い．だから，可視部の蛍光を発するため

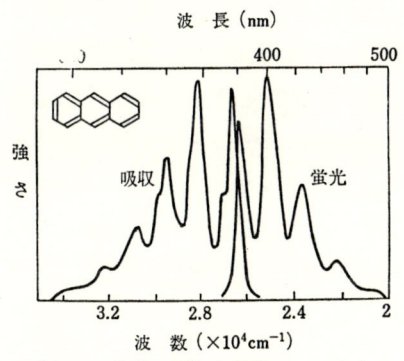

図 28 分子の吸収と蛍光のスペクトル
アントラセン（シクロヘキサン溶液）
波数：1cm の長さ中の波の数
波長(nm)×10^{-7} の逆数になる．

には，励起は赤外線では不可能で，紫外線または可視光のなかでも波長の短い青色光などが有利である．

固体の蛍光も帯スペクトルが原則であるが〔図29（a）〕，例外的に希土類などを含んだ蛍光体では，線スペクトル状になるものがある．カラーテレビジョンのブラウン管で赤を出す蛍光体はその例である〔図29（b）〕．

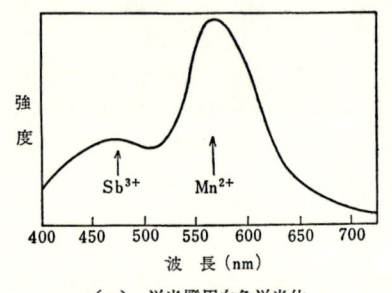

（a）蛍光燈用白色蛍光体
$3[Ca_3(PO_4)_2]CaF_2 : Sb^{3+}, Mn^{2+}$

（b）カラーテレビジョン用赤色蛍光体

図29 蛍光の発光スペクトル

これらの蛍光体では母体結晶中に賦活剤として含まれる少量の不純物イオン（a: Sb^{3+}, Mn^{2+}; b: Eu^{3+}）が発光に重要な役割をする．

（4） 蛍光のいろいろ

蛍光塗料，夜光塗料などは，どれも紫外，または可視の光によって励起される．診断のためのX線透視や間接撮影に用いるX線用蛍光板は，X線による励起の例である．放射線（α, β, γ 線）による蛍光はシンチレーションとよばれ，放射線（X線を含む）の検出，測定に用いられる．テレビジョンやレーダーのブラウン管では電子線が蛍光物質を励起して発光させる．カラーテレビジョンのブラウン管は，それぞれ青，緑，赤を発する3種の蛍光物質が塗り分けられている（9章参照）．

（5） ルミネッセンスの変わり種

以上にあげたもの以外にも変わったルミネッセンスがいろいろあるが，そのうちポピュラーなものについて簡単に書いておこう．

化学反応のエネルギーで励起されて光るのが化学ルミネッセンスで化学発光ともいう．ホタルや夜光虫などの生物の発光のほか，無生物の発光ではルミノ

ールもその例である．ルミノールは図30のように比較的簡単な構造の化学物質であるが，過酸化水素とともに血痕など血液が微量でも存在すると，青色に強く発光するので，犯罪捜査に用いられる．

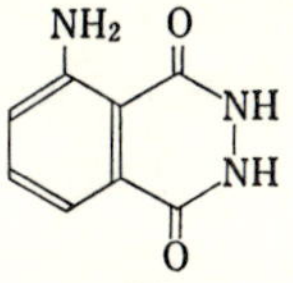

電卓などのデジタル表示に用いられる発光ダイオードは，半導体が電気エネルギーで励起されるもので，エレクトロルミネッセンスといわれる．

図30 ルミノール(luminol)
$C_8H_7N_3O_2$

レーザーは一般のルミネッセンスとは違った特殊な発光機構をもち，これを簡単に説明するのはむずかしいが，要点だけを書くことにしよう．

原子の発光を例にとれば，一般には光源内の多数の原子はまちまちに励起状態になっては発光してしまうものだが，レーザーでは非常に多くの原子を励起状態にしておいて，きっかけによって一斉にリズムを合わせて発光するようにさせる．だから，毛糸や木綿糸が見たところ長い糸でも実は短い繊維の集まりであるように，一般の光源の光はいわば断片的な切れ切れの光の集まりであるのに対して，レーザーでは規則正しい電磁波がある程度長く続いて放出されるので，糸にたとえれば絹糸に近いだろう．そのため干渉性が良いのが特徴の一つで，ホログラフィーなどおもしろい用途に用いられる．

レーザーの発光体としては気体(原子，分子)，溶液(分子)，固体などさまざまあるが，それぞれ発光のスペクトルの種類が異なり，また物質が違えばその色(光の波長)が違うことは，これまで述べた他のルミネッセンスと変わりはない．

3.5. 吸　収

すべての物質はその中を光が通過するとき，ある定まった波長の範囲の光(電磁波)を吸収する．この吸収が起こる波長の範囲を吸収帯という．吸収帯の範囲とその吸収の強さの波長による分布(吸収スペクトル)は物質によって違いおもに物質の化学構造による(6章参照)が，不純物や結晶構造などによっても変化することもある．

食塩の結晶は紫外部に，水は赤外部に吸収帯があり，それぞれ紫外線，赤外

線を吸収するが，可視部には影響しないから無色透明に見える．ところが可視部に吸収帯があると，着色して見える．たとえば，約 600 nm より短い波長の光が吸収されれば，600 nm 以上の赤い光が残ってそれが眼に入るから赤く見える．同様に，約 500 nm より長い波長が吸収されると青くなり，可視部の両端に吸収があれば緑色になる．可視部全体にわたって吸収帯があるものは，可視光は全部吸収されて眼に入らないから黒く見える．図 31 は吸収スペクトルの例である．

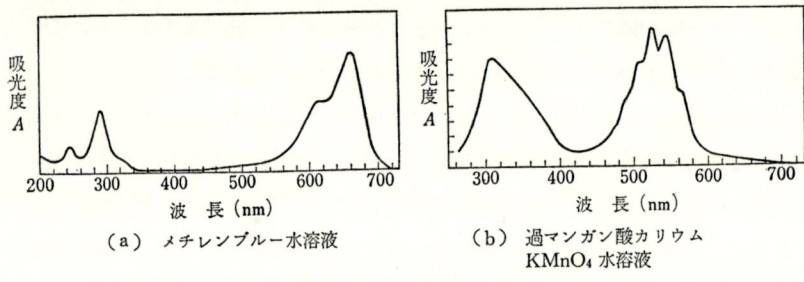

(a) メチレンブルー水溶液

(b) 過マンガン酸カリウム KMnO₄ 水溶液

図 31 吸収スペクトル

同じ物質でも，光の通過する層が厚ければ吸収は大きくなるのは当然で，層の厚さが増すと光の透過率が対数的に減少する．つまり，仮に 1 cm の厚さの層を透過した光が初めの光の 1/3 だとすれば，2 cm の厚さでは $(1/3)^2=1/9$ になるわけである．なお，光を吸収する層が溶液のときには層の厚さと溶液の濃度の積によるので，層の厚さを一定にして濃度を 2 倍にしても，上と同じ結果になる．これらの関係は，ランバート–ベール(Lambert-Beer)の法則といわれ，溶液以外にも色素を含んで着色したプラスチックやガラスフィルターなどにも同様に適用される．だから，同じ色でいろいろの濃度のフィルターを重ねたときは，全体の濃度は各フィルターの濃度の和に等しくなる．

われわれが日常太陽光の下で見る色の多くは，吸収によるものといってよいだろう(p.59 参照)．

3.6. その他

吸収以外にも，色を生ずるような現象がいくつかある．

3 発光と吸収—色光の発生

(1) 反 射

一般的にいって物体の表面に当った光は，一部は反射され，一部は屈折して内部へ入る．

白色光が物体に当ったとき，まず反射する光について考えると，非金属では表面で反射する部分と内部へ入る部分との割合に波長による差がほとんどないから，普通は反射光に色を生ずることはない（赤ガラス板に白色光をあてて表面で反射した光はやはり白色光である）．表面が滑らかで凹凸がなければ鏡面反射になるが，表面に微細な凹凸があると乱反射するので白く見える．ところが金属の場合は，一般に表面で反射する割合（表面反射率）が大きいから輝いて見えるだけでなく，光の波長によって反射率が変わるので，金属によってそれぞれ特有の色を生ずる．

屈折して内部に入った光の方は，内部で散乱されたり反射されたりなどしてまた物体の外へ出るが，その間に§3.5で述べたような吸収を受けて色を生ずる．一般にわれわれが反射光による物体の色と考えている場合の大部分はこれで，厳密にいえば吸収によって生じた色である．

以上，表面で反射した光と内部に入った光とに分けて考えたが，実際にはこの両方が同時に眼に入るわけで，単純ではない．たとえば非金属の表面が滑らかな場合は，表面で鏡面反射した光が内部での吸収による色光に加わるので，光沢のある色に見えるのである．

(2) 屈 折

虹の色は，スペクトルと同じく光の屈折によるものであることは，誰でも知っているだろう．これは同じ物質であっても，光の波長によって屈折率が違うので，つまり屈折する角度が違うから，屈折によって単色光に分離することになる．

(3) 干 渉

光の波長に近い程度の厚さの層に光が当ったとき，図32で層の裏面で反射した光Aと表面で反射した光Bと重なって干渉が起こる．このとき光Aは光Bより，abcの経路に相当するだけ波が遅れる．その遅れに，波長（またはそ

の整数倍)が等しいような色の光は,波の山と山が重なるから強められ,それ以外の波長の光は山と山がずれるから弱められて色を生ずる.シャボン玉は,石鹸液の薄膜がだいたい 150〜5nm の厚さのときに色が現れる.電卓やデジタル腕時計などの表示に用いられている液晶は,電圧や温度などの条件で層状の構造ができるので,その層の厚さに従って,種々の色に見えるようになる.

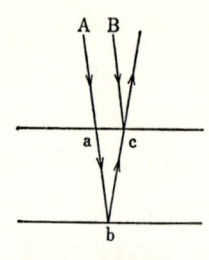

図 32 薄膜による干渉

(4) 散 乱

光などが多数の小さな粒子に当って,方向が不規則に変わり,散らされる現象を散乱という.霧のなかで見通しがきかないのは,霧の粒子つまり水滴によって光が散乱されるからである.普通霧は乱反射と同じく白く見えるだけであるが,粒子が細かくなると,光の波長によって散乱されやすさが変わるようになる.レーリー(Lord Rayleigh)によれば,粒子が波長の 1/10 以下では,散乱される割合は波長の 4 乗に反比例する.粒子がそれより大きくなると,4 乗に反比例という関係はくずれるが,やはり波長の短い光の方が散乱されやすく,逆に波長の長い光は散乱されにくい.危険信号に赤色光を用いるが,その利点として赤が目立ちやすいこと以外に,霧などのときでも途中で散乱されず遠くまで到達することがあげられる.

晴れた日に空が青く見えるのは,太陽光が上空の大気の分子によって散乱され,その短波長の光が眼に入るからで,宇宙空間や月面では大気がないため,太陽が見えていても空は真暗である.また,宇宙飛行士が宇宙空間から見て「地球は青かった」といっているのは,やはり地球の大気による太陽光の散乱のためで,地上で地平線上の山脈のような遠くの景色は青味がかって見えるのも同様の理由である.夕日の光が赤いのは,逆に長く大気層を通過する間に,散乱によって短い波長の部分を失ったためである.化粧品の乳液やヘアクリームなどが横から見ると青味を帯びているが,光にすかして見ると赤味を帯びて見えるのも同じ現象である.

[深尾 謹之介]

4 色の物理と表示

　現在は色彩の時代といわれ，街々には多くの色彩が氾濫している．このような色彩の多様化は，色を精密に測定する機器が発達し，色を自由に正しく創造できるようになったことによる．しかし，この根源には長い間，色の研究が着実に行われてきた事実があることを忘れてはならない．ここでは色の研究に欠くことのできない色の数値的表し方である国際照明委員会(Commission Internationale de l'Eclairage；CIE)の XYZ 表色系について説明するとともに，実用的に是非知っていてほしい反射率と色の関係について述べる．

4.1. 物体の反射率と色

　物体の分光反射率とその色との間に深い関係があることは§3.6 でよく理解されたと思う．工業的立場からいっても物体が可視光の各波長についてどのくらいのエネルギーを透過したり反射したりするとどんな色に見えるかを知ることは非常に大切で，色を取扱ううえの基本となっている．そこでもう少し詳しく，かつ図解的に両者の関係を説明してみよう．

　図33 に示すように可視光の領域を 400～500，500～600，600～700 nm の範囲に大きく3等分する．400～500 nm の範囲に反射率の山がありその他の部分で値が低くなっているとき，この物体は青色に見える．同様に 500～600 nm および 600～700 nm の範囲に反射率の山があるとき，それぞれ緑(green)および赤(red)に見える．また，逆に 400～500 nm の部分に吸収の谷があり，その他の部分では反射率が大きい値をとるときは黄色に見える．同様に 500～600 nm あるいは 600～700 nm の部分に吸収の谷があるとき，それぞれ赤紫(工業的に

(a) 加法三原色の分光反射率曲線
　　（青，緑，赤）

(b) 減法三原色の分光反射率曲線
　　（黄，赤紫，青緑）

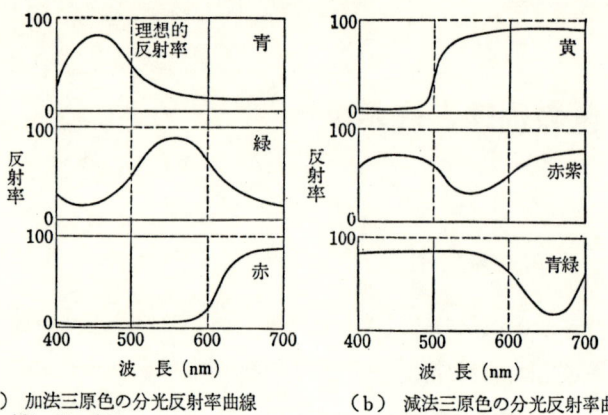

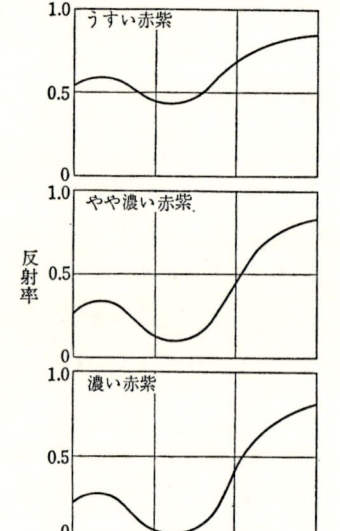

図 33

図 34　淡い赤紫と濃い赤紫の分光反射率曲線

マゼンタといっている），青緑（シアン）に見える．図34は淡い赤紫から濃い赤紫までの分光反射率の変化を示したものである．淡い色では 500～600 nm の緑の部分の吸収の谷が浅くなっており濃い色では吸収の谷が高くなっている．いいかえれば，赤紫は緑の量を制御するといえるので，ときとして $-G$（マイナス Green）といわれている．同様に青緑は $-R$（マイナス Red），黄は $-B$（マイナス Blue）といわれている．

§1.2で説明されている青，緑，赤のフィルターをかけた3台のプロジェクターによる混合実験を分光分布曲線を用いて説明してみると図35のようになる．白いスクリーンで反射された赤い光は図35 (a)，また緑の光は (b) である．眼に入射する光はそれらの合計であるので (c) のようになり，分光エネルギーの形は黄となる．このようにR，G，Bの光エネルギーの

図 35 加法混色の図解

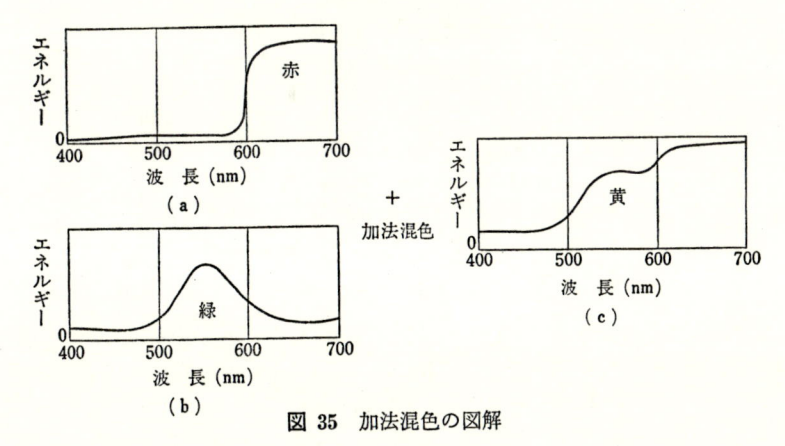

形での混色のことを加法混色という．当然のことながら混色して得られた色はそれぞれの成分原色より明るくなるのが特徴である．一方，絵具，ペンキ，染料などを混ぜることはこの加法混色とはやや異なる．たとえば，ペンキを顕微鏡的に見ると図36のように媒質に顔料粒子が分散されており，入射した光は何回もこれらの粒子に反射され，表面から射出される．そして入射光がすべての波長領域を均等に含んだ白色光であれば，反射光は粒子の吸収に応じた分布となる．したがって，ペンキは入射した光の一部の波長領域を吸収し，その他の部分を射

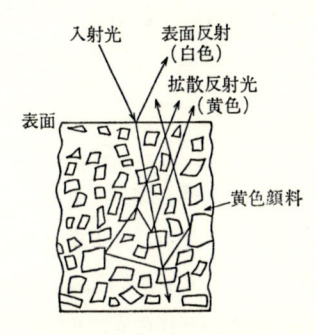

図 36 塗料絵具中の光のマクロ的挙動

出することになる．そこで赤い絵具と緑の絵具を混ぜると図37のように赤い絵具は 600～700nm の光のみが反射されて他は吸収され，緑の絵具は 500～600nm 以外は吸収される．これを混合すると赤の絵具に反射された部分は緑の絵具により吸収され，緑の絵具に反射された部分は赤の絵具により吸収されて，波長に対して一様なしかも低い反射の分布すなわち黒になって見える．青緑と赤紫の混色でいずれの色の絵具によっても吸収されない部分は 400～500 nm の範囲で，それは青となる(図33)．これを不完全ではあるが式で表すと，

図 37 減法混色の図解

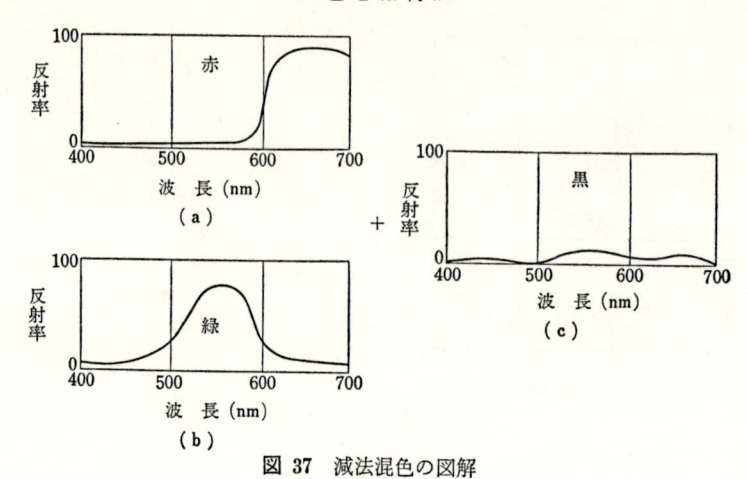

$$青緑＋赤紫＝-R-G$$

一方，白はRとGとBからできているとして白からRとGを取除くとBが残ることになり，この2色の混合は青になることがわかる．同様に

$$赤紫＋黄＝-G-B＝R＝赤$$
$$黄＋青緑＝-B-R＝G＝緑$$

となり，赤紫，黄，青緑の三つの色を用いることによりすべての色をつくり出すことができる．このように青緑，黄，赤紫の着色物質を原色として白から光を吸収するという過程の混色を減法混色といっている．口絵5, 6は加法混色と減法混色の三原色と，それぞれの混色によって生ずる色の関係を表したものである．

4.2. 眼の視感度

電球の輝きは夜間では明るく感じ，昼間ではほとんどその明るさを感じない．このように電球から眼に入る光エネルギーは明るさと感ぜられるが，その主観的な明るさはそのときの眼の感度の状態によって異なってくる．しかし，工業的には何ワットの電球がどの程度の明るさになるかなど，電球の規格を定めるうえで，ある順応状態での眼の明るさに対する感度を定める必要がある．

4 色の物理と表示

当然のことながら光はスペクトルから成っている．各波長のスペクトルに対しても異なった明るさが生じ，緑の部分が最も明るく，スペクトルの赤端ならびに紫端に行くに従って暗く感ずる．このように明るさに対する感度には，スペクトルの各波長の光について明るさを測定しなければならない．等しいエネルギーで異なった波長のスペクトル光を並置して，直接にその相互の明るさを比較する直接法，あるいは2種のスペクトル光を交互にちらつかせて比較するフリッカー法を用いて多くの実験が行われた．CIE では 1924 年，これらのデータの平均値をもって標準のスペクトル比視感度を定め，この比視感度曲線をもつ仮想の測定者を標準観測者とした（図 38）．このことは明るさの感じは人により互いに異なってはいるが，正常の色覚であるときはその差はそれほど大きくないことを示している．この比視感度は，あるエネルギー分布をもつ光源あるいは物体の明るさを計算で決定できるという特徴があり，きわめて実用的な概念であるといえる．そして，明るい順応の状態で測定された比視感度を明所視比視感度といい，暗い順応でのそれを暗所視比視感度ということは §1.7 で説明されたとおりである．

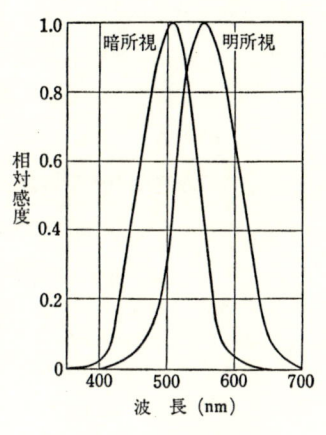

図 38 比視感度曲線

4.3. 色の数値的表し方

色についての情報を人に伝えたり，人から求められたりするとき，黄，ピンクなどという色名が最も多く用いられる．しかし，色名は人により習慣により，また国によっても多少異なっているので，色の情報を正確に伝えるには十分ではない．このための方法として，ある規準で整理，配列した色見本が用いられている．§1.6 で説明されたマンセル色票はその代表的なもので世界的に広く用いられている．他の方法としては色を分光測定して反射率あるいは透過率を求め，計算により最終的に数値として表示する方法がある．この方法は透過率，

反射率を測定するので，顔料や染料を用いて新しい色をつくり出したり管理したりするのに非常に有効である．現在，世界的に用いられているこの種の表色系は CIE (1931年)で定められた XYZ 表色系である．ここではこのシステムが確立された過程ならびに使用方法について述べてみる．

数値的に色を表示しようとするための基礎は，§1.2で説明されている混色とそれによりある色に等しくさせるという等色という概念である．等色とは視野を二つに分け，一方の視野の色を他の視野の色に感覚的に等しくすることである．経験的に互いに独立した三つの光刺激(眼に入った光エネルギーをとくに表すために用いられる術語)を用い，それらの相対量を加減することによりすべての色に等色されることができることが知られており，この光刺激を三原色といっている．このことはヤング－ヘルムホルツ(Young-Helmholtz)の説によれば，眼の三つの光受容器からの一方の視野の光刺激によって生ずる三つの出力の比率が，他方の視野の光の出力の比率に等しいと等色が成立することを意味する．したがって，連続スペクトル分布をもつオレンジの黄とナトリウム D 線とが同じ黄色に見えることもこれから理解されるであろう．

このように，色を数値的に表示するには，光受容器の波長特性，いいかえれば，その分光感度分布を知る必要があるがそれを直接的に測定することはできない．しかし，色彩学では非常に巧妙な方法を用いてこれを解決している．三

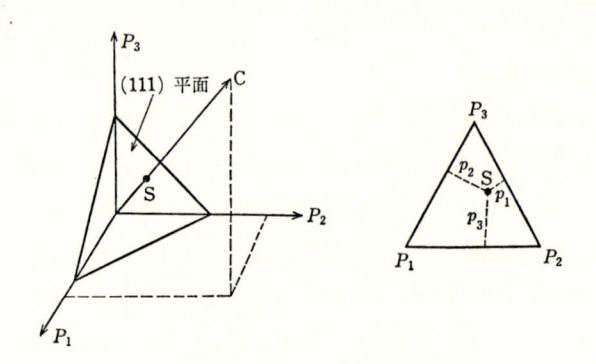

図 39 色ベクトルと色度座標

原色として実在のスペクトル輝線を用いて可視光を構成する波長の光を等色させると等色に必要な三原色の割合を実際に測定することができる．いいかえるとその色は三つの数値で表すことができ，この数値をこの色の三刺激値といっている．これはまた色の三刺激値を成分とするベクトルで表せることを意味する（図39参照）．前に述べたように各原色はそれぞれ異なった明るさをもっているので，ここでいう三原色の割合は明るさの割合でなく，三原色を等量ずつ混色したとき白が生ずるという正規化した割合である．測色学では'白'の概念は重要であり，一般に波長に対して等しいエネルギー分布をもつ光刺激を'白'としている．

このような等色実験には図40に示すような装置を用い，一方の視野を試験スペクトルで他方の視野を三原色で照射し，三原色の相対量をいろいろに変えて視覚判定で等色させる方法がとられている．

一方，混色に関する経験的事実として，三原色で等色して得られた色の明るさはそれぞれの成分原色の明るさの和になる〔相加則，アブニイ(Abney)の法則〕，また成分原色の割合を

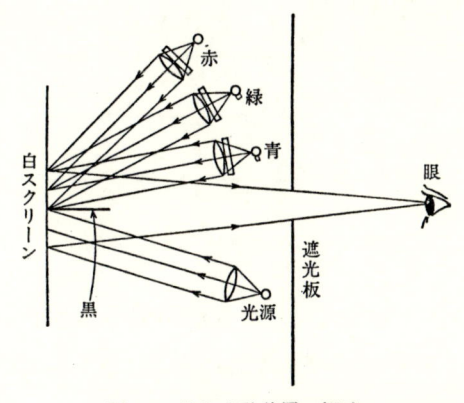

図40 等色実験装置の概略

一定量だけ掛けたり割ったりしても色あいは変わらず，明るさのみ変化する〔相乗則，グラスマン(Grassman)の法則〕ことが知られている．これを色のベクトル空間にあてはめてみると，各成分を一定倍してもベクトルの方向は変わらず，ベクトルの大きさのみが変化するので，相乗の法則を考えれば色あいはこのベクトルの方向で表されることになる（図39）．ベクトルの方向はこの座標系の (1, 1, 1) の三角の面の交点で表すことができるので，この三角形上の交点の座標 p_i は次式で表される．

$$p_i = \frac{P_i}{P_1 + P_2 + P_3} \quad (i=1, 2, 3)$$

ここで，p_1, p_2, p_3 を色度座標といい，P_1, P_2, P_3 は三刺激値である．当然のことながら白の色度座標は (0.333, 0.333, 0.333) となる．

さて，ひとによって色に対する感度が異なるので，CIE では比視感度の制定と同じように色に対する標準観測者とその等色特性を定めている．三原色として単色光 700 nm，546.1 nm（水銀輝線），435.8 nm（水銀輝線）を用いてそれぞれエネルギーの等しいスペクトル光に対して三刺激値を求めると図41のようになる．この図は眼の光受容器の三つの感度曲線に相当するもので，等色実験から求められたので等色関数とよばれ，とくに $\bar{r}_\lambda, \bar{g}_\lambda, \bar{b}_\lambda$ で表す．この図の場合だけでなく，実在のスペクトル光の中から三原色を選ぶと，スペクトルを等色させるのに必ずひとつの原色の割合を負にしなければならないことを注意すべきである．

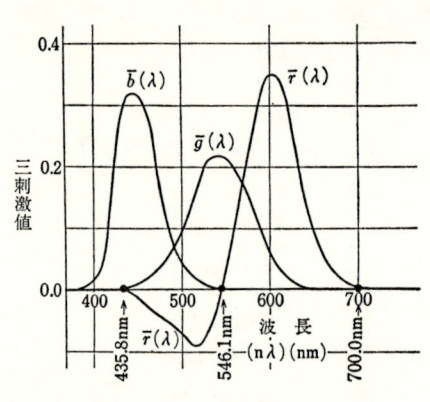

図 41 CIE-RGB 表色系の等色関数 ($\bar{b}(\lambda), \bar{g}(\lambda), \bar{r}(\lambda)$)

ここで混色における負の量を説明しておこう．スペクトルの色を三原色で等色させるとき，たとえば試験視野の黄を等色させる場合，普通赤と緑の原色を用いるが混色でできた色は試験色の黄に比べてどうしても黄味がわずかにかけ，等色することができない．このとき，反対側の試験色に青の原色を加えると等色することができる．このように，試験色に原色を加えて等色できたとき，これを負の原色を加法混色したという．たとえば，緑の原色が負となるとその色ベクトル S_2 は図42のようになり，色三角形の外に出てしまい，緑の等色関数は負となる．

上記の表色系は実在のスペクトルを三原色として用いているのが特徴で，これをとくに CIE の RGB 表色システムとよんでいる．しかし，実用上 CIE ではこの RGB 表色システムを変換して仮想的な三原色 (X, Y, Z) をもつ XYZ 表色系を採用している．このシステムの特徴は次のとおりである．

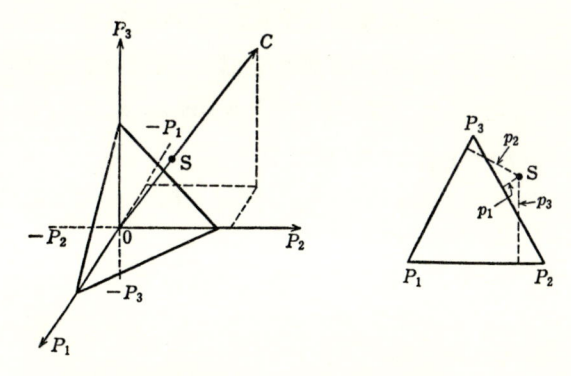

図 42　色ベクトルと負の色度座標

（1）すべて実在する色の色度座標が正になる．いわゆるこの仮想原色の加法混色ですべての実在の色が表示できる．

（2）RGB系ではGが最も明るく，その他の原色は輝度が非常に低いが，XYZ系ではこれを理想化して明るさは原色Yのみがもっていて X, Z の原色は明るさをもたないとして，すべての色の明るさを Y のみで定める．

（3）等エネルギーの白はこの系でも原色 X, Y, Z の等量で等色できる．

図41に対応して XYZ 系での等色関数は図43のようになり，それぞれ $\bar{x}, \bar{y}, \bar{z}$ で表す．そして $\bar{y}$ は1924年 CIE 標準観測者の比視感度曲線と同一の値を用いてある．

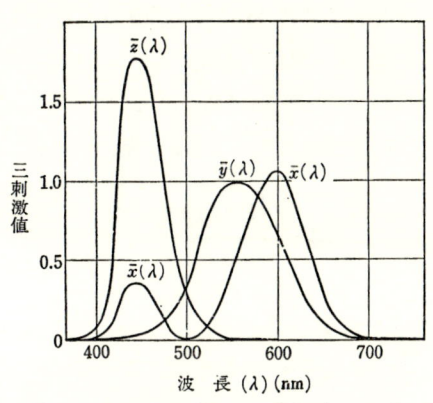

図 43　CIE 表色系の等色関数 $(\bar{x}, \bar{y}, \bar{z})$

4.4. 等色関数による色の表示

等色関数を用いると任意の分光分布の三刺激値を求めることができる．まず

最も簡単な分布，すなわち光刺激が S_λ である1本の輝線を考えてみる．この輝線に対する等色関数 $\bar{x}_\lambda, \bar{y}_\lambda, \bar{z}_\lambda$ はこの輝線の光刺激が1であるときの三刺激値 X, Y, Z に等しい．したがって，この輝線の三刺激値は $S_\lambda \cdot \bar{x}_\lambda, S_\lambda \cdot \bar{y}_\lambda, S_\lambda \cdot \bar{z}_\lambda$ となる．

次に連続分布のもつ光刺激は輝線の集合であると考えられるから，その三刺激値は

$$X = S_{\lambda_1} \cdot \bar{x}_{\lambda_1} + S_{\lambda_2} \cdot \bar{x}_{\lambda_2} + S_{\lambda_3} \cdot \bar{x}_{\lambda_3} + \cdots = \int_{400}^{700} S_\lambda \cdot \bar{x}_\lambda d\lambda$$

となる．同様に

$$\left. \begin{aligned} Y &= S_{\lambda_1} \cdot \bar{y}_{\lambda_1} + S_{\lambda_2} \cdot \bar{y}_{\lambda_2} + S_{\lambda_3} \cdot \bar{y}_{\lambda_3} + \cdots = \int_{400}^{700} S_\lambda \cdot \bar{y}_\lambda d\lambda \\ Z &= S_{\lambda_1} \cdot \bar{z}_{\lambda_1} + S_{\lambda_2} \cdot \bar{z}_{\lambda_2} + S_{\lambda_3} \cdot \bar{z}_{\lambda_3} + \cdots = \int_{400}^{700} S_\lambda \cdot \bar{z}_\lambda d\lambda \end{aligned} \right\} \quad (1)$$

となる．また色度座標は次のようになる．

$$x = \frac{X}{X+Y+Z}, \quad y = \frac{Y}{X+Y+Z}, \quad z = \frac{Z}{X+Y+Z}$$

一般に光刺激 S_λ は対象が光源であるときは，そのエネルギー E_λ に等しい ($S_\lambda = E_\lambda$)．また反射物体であるときには物体の反射率 ρ_λ とそれを照明する光源 E_λ の積に等しい ($S_\lambda = E_\lambda \rho_\lambda$)．しかし，物体の色は常に完全白色物体に対応して知覚されるものであるから，物体の三刺激値は

$$X = \frac{\int E_\lambda \cdot \rho_\lambda \cdot \bar{x} d\lambda}{\int E_\lambda \cdot \bar{y}_\lambda \cdot d\lambda}, \quad Y = \frac{\int E_\lambda \rho_\lambda \bar{y}_\lambda d\lambda}{\int E_\lambda \bar{y}_\lambda d\lambda}, \quad Z = \frac{\int E_\lambda \rho_\lambda \bar{z}_\lambda d\lambda}{\int E_\lambda \bar{y}_\lambda d\lambda} \quad (2)$$

で表される．

物体の反射率(透過率)は，その物体に入射した光束に対する反射(透過)した光の比率で定義されているが，色彩学では常に眼で見るということが基本となっているから，物体の反射(透過)は肉眼で見たときの物体の明るさ，いいかえるとある明るさに対する物体の反射(透過)とその明るさとの比率で表す必要があり，通常の反射(透過)率と区別して視感反射(透過)率という術語を用いている．視感反射(透過)率は式(2)の Y で表される．

視感反射(透過)率と反射(透過)率の相違は，たとえば黄色のフィルターを使ってカメラ撮影するとき露出をやや多くするが，このフィルターで外の景色を見るときは物体は非常に明るくはっきりと見えることからよく理解される．また，式(2)からわかるように，光源が変わってその分布が変化すると物体の三刺激値も変化する．日常生活での光源は蛍光燈，タングステン電球をはじめとして日中の照明も曇天と晴天では異なり多様である．したがって，すべての光源について色を計算することはかえって複雑になる．そこで CIE では光源をいくつかのグループに分け，その代表の光源を規定し標準光源として色の表示に使用している．標準光源 A は人工光源タングステン電球を代表するもので 2856 K の完全放射体からの光を表す．標準光源 B は直接太陽光を代表するもので，色温度 4870K に相当する．標準光源 C は平均昼光を表し，色温度 6770K に相当する．標準光源 B，C は標準光源 A にそれぞれにディビス-ギブソンフィルターを付けて作ることができる．標準光源 D は，米国，カナダ，英国での日の出2時間後，日の入り2時間前の青空ならびに直接太陽光を含む昼光を直接に分光測光した結果をもととした一種の光源

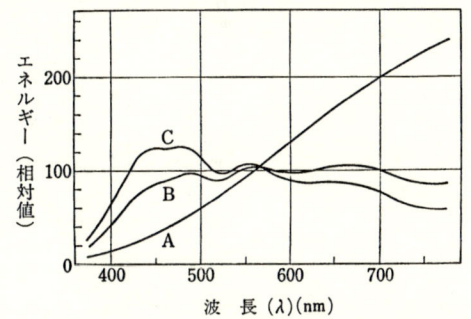

図 44 CIE 標準光源 A，B，C の相対分光分布曲線

で，D_{55} は色温度 5500K，D_{65} は色温度 6500K，D_{75} は色温度 7500K に相当する分布をもつ光源である．図 44 に標準光源 A，B，C，図 45 に D_{55}，D_{65}，D_{75} の分光分布を示す．

次に物体の分光反射率から色度座標を求める方法を図解すると図 46 のようになる．E_λ は照明光のエネルギー分布で ρ_λ は物体の分光反射率で両者の積が光刺激となり，それぞれに等色関数を乗じて最終的に三刺激値 X，Y，Z が得られることになる．たとえば，600nm の波長について光源のエネルギーは 0.85，反射率 0.35 であるから，光刺激 $E_\lambda \cdot \rho_\lambda = 0.85 \times 0.35 = 0.297$ となる．

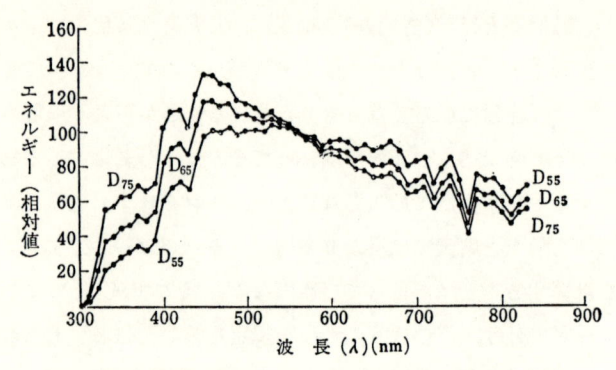

図 45　CIE 標準光源 D_{55}, D_{65}, D_{75} の相対分光分布曲線

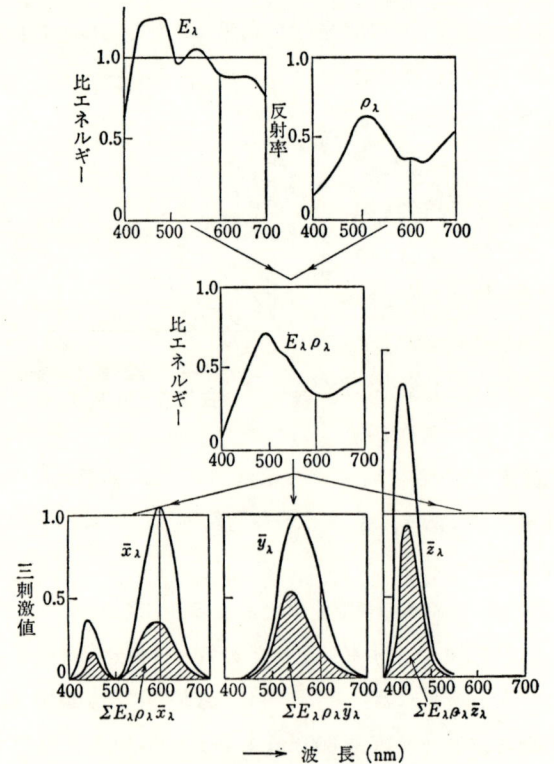

図 46　三刺激値計算方法の図解

$\bar{x}_{600}=1.06$, $\bar{y}_{600}=0.631$, $\bar{z}_{600}=0.0008$ であるから

$$X_{600}=0.297\times 1.06=0.306$$
$$Y_{600}=0.297\times 0.631=0.187$$
$$Z_{600}=0.297\times 0.0008 \fallingdotseq 0$$

このように各波長についての X, Y, Z を求め，式 (1) によりそれらを加えて色度座標を求める．

4.5. 色度図

 各波長の光の等色関数から色度座標 (x, y) を求め，各波長ごとに図示すると図 47 に示すような馬蹄形のスペクトラム軌跡が得られる．そしてスペクトルの両端を結ぶとすべての実在の色はこの馬蹄図形の内部の点で表される．そして等エネルギー光源を E (0.333, 0.333) とすると E の上側の部分には緑系の色度が図示される．左の下側の部分には青〜紫色が，右下側は赤色が表示される．この色度図の特徴は二つの色の加法混色で得られた色の色度は，すべてそれぞれの色度点を結ぶ直線上にのることである．たとえば標準光源 C とスペクトル 520nm とを混色して得られる色は図 47 のようにすべて直線上の点で表される．最後に色度図の使用例を示してみよう．色の恒常性(§1.7)により，昼間見た物体の色は夜間電球の下で見てもそれほど色の変化はない．しかし 特殊な実験法を用いるとその変化を知ることができる．視野を二つに分け，一方を昼光で他方をタングステン電球で照明してこれを単眼で観測しながら等色が成立するのに必要な色度変化を求めたもので，図 48 のように光源の変化の方向に物体の色が大きく変化しているのがわかる．このように色度図は色を数量的に取扱い，そ

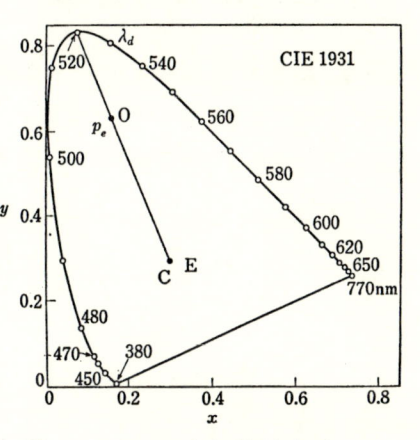

図 47 CIE 1931 年色度図ならびにスペクトラム軌跡

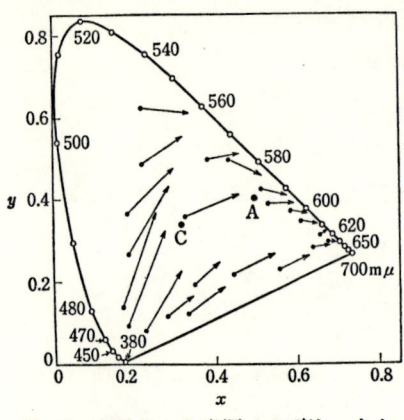

図 48 光源Cから光源Aに変わったときの物体の色度変化

して表示するうえに必要欠くことのできないもので，工業的分野で必ず用いられている．

CIEでは色はその色度点と明度で (x, y, Y) で表示する．このほかに§1.6で述べられた色の三属性，色相，飽和度(彩度)，明るさに相当する主波長(λ_d)，純度(p_e)および明度(Y)で表示することもある．主波長は光源の色度点と試料の色度点とを結ぶ直線がスペクトル軌跡と交わる点の波長をいい，試料の色相と密接な関係がある．しかし，主波長が等しいからといって色相が等しいとは限らない．飽和度に対応する純度とは，光源と色度点と主波長のそれぞれを結ぶ直線の長さに対する光源と試料の色度点距離の比をいい，

$$p_e = \frac{x-x_s}{x_s-x_\lambda} = \frac{y-y_s}{y_s-y_\lambda}$$

で表される．

ここで，(x, y) は試料の色度点，(x_s, y_s) は光源Cの色度点，(x_λ, y_λ) は主波長の色度点である．しかし，色はその純度が等しいからといって等しい飽和度に見えるとは限らない．

このように色度座標は実際の感覚とは一致しないものである．たとえば，色度図上の2点間の距離は二つの色の色差を示すものであるが，その距離が等しくても感覚的には等しい色差に見えない．図49は各色について等しい色差の範囲を色度図に示したものである．色度図の各部分で本来等しい円になるべきものが楕円となり，しかも場所によって大きさが変わり，緑の部分で大きく青の部分で小さくなっている．いいかえると色度図の距離は感覚的な等しい色差を表していないことになる．このことは色度図を使用するとき十分に注意すべ

きである．このため，感覚的に等しい色差を等しい距離で表すことができるような色度図がこれまでいろいろとくふうされている．現在最も広く用いられているのはCIEXYZ座標系を次式のように線形変換した座標系で，CIE 1960年UCS色度図とよばれている．

$$u=\frac{4x}{-2x+12y+3}$$

$$v=\frac{6y}{-2x+12y+3}$$

または

$$u=\frac{4X}{X+15Y+3Z} \qquad v=\frac{6Y}{X+15Y+3Z}$$

図 49 CIE 1931年色度図上での等色差楕円の変動(楕円の軸は説明のため実際の10倍にしてある)

図50は図49を1960年 UCS色度図に変換したもので，等色差を示す楕円はほぼ同一の大きさになり，形も円形に近くなってくる．

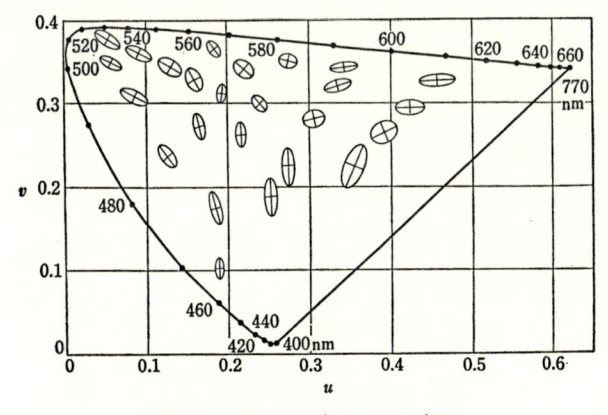

図 50 CIE 1960年 UCS色度図

4.6. 光源の演色性

一昔前,蛍光燈の下で食事をすると肉,魚などの色が変わって食欲が進まなかったことを思い出す.図51は通常の蛍光燈と日中の光の分光分布を示したもので,図からわかるように蛍光燈の光は D_{65} に比較して赤の波長が非常に不足している.そこで赤い物体に照射したときには赤味が不足してくることになる.このように,人工光源によって物体の色がその真の色にどれほど近く見えるかということを人工光源の演色性といっている.物体の真の色とはどんなものであろうか.通常われわれは日中で物を見ることが多いので,自然光の下で見られた色が物体の真の色といえる.CIEではこのような光源の演色性を評

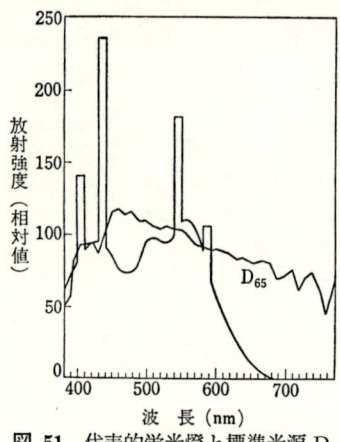

図51 代表的蛍光燈と標準光源 D_{65} との分光エネルギー分布曲線

価するため,色度図で均等に分布した色相で中程度の彩度(クロマ)および明度(バリュー)をもつ8枚のマンセル色票を標準試料として,これらを標準の光源ならびに試験光源で照射したときに物体が呈する色を CIE 1960 年 UCS 色度図に図示して,その色差を用いて試験光源の演色指数を定めている.

$$R_a = 1.00 - 4.6\bar{E}_a$$

$\bar{E}_a$ は8枚の標準色標に対する色差の平均値である.最近の蛍光燈は蛍光材料の開発により $R_a=0.95$ ほどで,旧来の $R_a=0.80$ に比較して演色性は非常によくなっている.また光の三原色に相当する波長帯に,より高い蛍光を生ずるような蛍光燈が開発され,照明効率を高めるとともに物体の色をよりさわやかに見せる効果が得られるようになった. 　　　　　　　　　　　　[江森　康文]

5 照明と色彩

　物の色が，そのときに使われている光源によって非常に違って見えることは，われわれが日常に経験している．物の色を論ずる際に，光源のことを抜きにできない．
　一般に，物の色が最も自然に見えるのは太陽のもとである．われわれは常に太陽を基準にして物の色を評価する習慣がある．
　照明は大きく自然照明と人工照明に分けられる．自然照明とは，自然界で最大の光源である太陽による照明である．人工照明は，人工の光源による照明であるが，それは常に人工の太陽を目ざしてきた．

5.1. 人工照明の歴史

　人工照明の歴史は，人類が火を利用するようになったとき始まった．
　そして，最初は木などを燃やして光源としていたが，その後しだいに植物油〔なたね油を使う行燈（あんどん）〕や動物油（ろうそく）が使われるようになり，近世になって石油ランプやガス燈が登場した．
　電気エネルギーを光源として利用した最初は，デーヴィー（H. Davy）の発明したアーク燈（1808年）であるが，欠点が多く，照明の主流にはならなかった．
　今日の本格的な照明時代は，1879年のエジソン（T. Edison）による白熱電球の発明によって開幕した．
　白熱電球による照明――すなわち電燈が普及すると，電気エネルギーの需要が飛躍的に増大し，それが電力事業を発展させる大きな刺激となった．また，白熱電球は人類が手にした最初の家庭用電気器具である．

火の発見から白熱電球まで，人工の光源はすべて熱を伴う発光現象を利用してきた．

熱に無関係な蛍光ランプは，放電燈の一種であるが，1938年にゼネラル・エレクトリック社(米国)から発売された．わが国で一般に用いられるようになったのは第二次大戦後である．

最近の光源の特徴は，水銀ランプなどの放電燈が多彩に利用されていることである．

5.2. 色温度

自然界で最大の光源である太陽は，光ばかりでなく，大量の熱を発生している．人工の光源も，火の発見から白熱電球まで，常に熱を伴う発光現象を利用してきた．これらの事実から，熱と光の間にはなにかしら深い関係のあることが推察される．いわゆる温度放射(§3.3.参照)がそれである．

物体の温度を上げると，一般にそれから光が発生する．鉄を熱すると赤くなるが，これは高温の鉄から大量の赤い光が発生しているからである．このように，高温の物体から光が発生する現象を温度放射という．

温度放射では，物体の温度によって発生する光の色が変わる．比較的低温度の場合は，赤い色の光が多い．すなわち，波長の長い光が多い．物体の温度を上げてゆくと，光のなかに波長の短い成分がしだいに多くなり，光の色は次のように変わってゆく：暗赤→赤→橙→黄→白→青白．

この一連の光の色の系列を使えば，温度放射によらない光の色もこの温度で表現することができる．これを'色温度'という．われわれが日常用いている光源の色は，この色温度を用いて簡単に表現することができる．

表8 色温度と受ける感じ

色温度 [K]	受ける感じ
>5000	涼しい
3300〜5000	中間
<3300	暖かい

光源の色温度にともなう色感覚によって人間は暖かい感じや涼しい感じを受けるものである（§1.8参照）．表8に光源の色温度によって人間が受ける感じを示す．

なお太陽光の色温度は6500Kといわれるが，

これは太陽表面の温度が 6500 K ということではなく，昼間の光つまり「直接太陽光に青空からの散乱光その他が加わった光」の色温度を指しているので，直接太陽光の色温度はもっと低い(§4.4 参照)．

5.3. 白熱電球

　白熱電球は，1879 年米国のエジソンが発明したものである．エジソンが発明した当時の電球は，カーボンランプ(炭素電球)といって，縫い糸を炭化したものをフィラメントに使っていたが，後にわが国の京都でとれた竹を炭化して使用した．

　カーボンは温度をあまり高くできないため，光の量が少なく，寿命も短い．そこで，この点を改良しようとして 1910 年にタングステンをフィラメントに採用したタングステンランプが誕生した．

　タングステンの融点は 4000 K と高く，それだけフィラメントの温度を高くできる．フィラメントの温度を上げると，光の色は白くなり，光の量も多くなるが，他方，タングステンの蒸発も速くなって，それだけ電球の寿命が短くなる．そこで，現在ではタングステンの蒸発をおさえるために，不活性ガスを封入したガス入り電球が使われている．

　さて，電流が電気抵抗のなかを通過すると，熱が発生して電気抵抗体の温度が上がる．白熱電球は，電流によってタングステンフィラメントの温度を上げ，熱発光によって光を作る光源である．

　白熱電球のフィラメントは約 3000 K に達しており，ろうそくなどに比べると色温度はかなり高いが，それでも太陽光の 6500 K に比べると低く，赤い光の割合が多い．

　また，白熱電球で消費される電気エネルギーのほとんどは熱になり，光になるのは数％にすぎない．

　白熱電球を改良したものにハロゲン電球がある．電球にハロゲン化物を封入してフィラメントの消耗をおさえ，安定した光が長寿命に得られるようにしたものである．

5.4. 放電燈の特徴

現在、屋内照明にいちばん多く使われていて、われわれになじみの深い蛍光ランプは放電燈の一種である。放電燈にはこのほかに、ネオンサインやナトリウムランプ、水銀ランプなどがある。

放電燈とは、気体または蒸気中の放電を利用する光源である。放電燈には、デーヴィーの発明したアーク燈のように、電極そのものの発光を利用するものもあるが、現在の放電燈は封入した気体または蒸気の発光を利用している。

放電燈はルミネッセンスを利用しているので、熱発光を利用する白熱燈とは全く異なったスペクトルを示す。熱発光のスペクトルは連続スペクトルであったのに対し、放電燈のスペクトルには何本かの線スペクトルが含まれるのが特徴である。

5.5. 蛍光ランプ

蛍光ランプでは、内側に蛍光塗料を塗った細長いガラス管の内部に、アルゴンガスと水銀を入れ、この管の両端に電極を付け、高電圧を加える。そうすると、管の中でアルゴンガスを通して放電が行われ、管の中に水銀蒸気が充満する。そして、アルゴンガス中の放電は水銀蒸気中の放電に代わり、強い紫外線を多量に発生する。管の内側に塗られた蛍光塗料は、この紫外線を受けて発光する。

蛍光ランプにはいろいろな種類があるが、昼光色蛍光ランプの色温度は 6500 K である。これは太陽光の色温度と同じであるが、両者の光をプリズムで分光してみると、光の組成はかなり違う。つまり、分光分布が異なるのである。図 52 は太陽光と蛍光ランプの分光分布を示したものである。蛍光ランプのスペクトルは、線スペクトルと連続スペクトルが重なり合ったもの

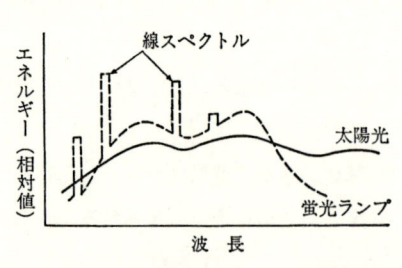

図 52 太陽光と蛍光ランプの分光分布

になっている.前者は水銀原子の発光によるものであり,後者は蛍光物質(固体)によるものである.

このように,分光分布は違うが色温度は等しい2種類の光源で照明した場合に,分光反射率曲線が平坦な白い物を見た場合は同じ白に見えるが,さまざまな分光反射率曲線をえがく着色した物を照明した場合は,光源の相違を眼は鋭敏に感じとり,物の色が多少違って見えるものである(4章参照).

5.6. ナトリウムランプ

ナトリウムランプも放電燈の一種で,ナトリウムの蒸気中の放電によるルミネッセンスを利用する.このルミネッセンスでは,波長589nmと589.6nmのところに強い線スペクトルを発生する(図53).この線スペクトルは,視感度が最大になる555nmに近接しているので,ナトリウムランプはたいへん効率がよい.したがって,効率が重視される道路やトンネルの照明に用いられる.

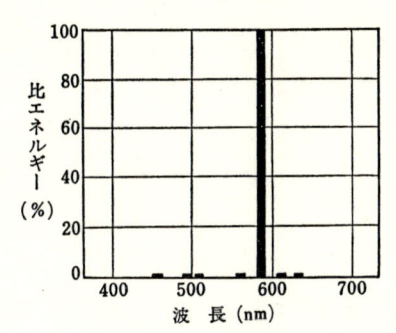

他方,ナトリウムランプの光色はオレンジイエローで,ほとんどこの色光しか含まない.したがって,屋内照明のように,物の色を自然に見せる必要のある照明には適さない.

図53 ナトリウムランプのスペクトル

5.7. キセノンランプ

不活性ガスであるキセノン中の放電を利用する放電燈である.このランプの分光分布は図54に示すように連続スペクトルの部分が多く,紫外部分から可視範囲にかけて太

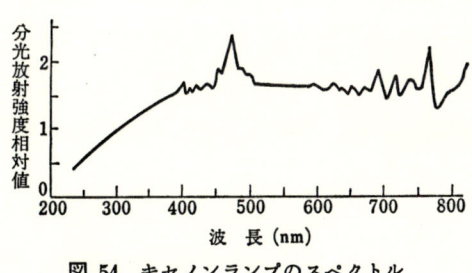

図54 キセノンランプのスペクトル

陽光のスペクトルに近似している．また，点燈と同時に安定な光出力が得られる．

キセノンランプにはこのような特徴があるので，印刷や映写に用いられ，フラッシュランプとしても利用される．

5.8. 水銀ランプ

水銀蒸気中の放電を利用する放電燈である．水銀の蒸気圧が低い場合は，紫外線を多く発生するが，蒸気圧が高くなると可視光を多く発生するようになる．現在使用されている水銀ランプはすべて蒸気圧の高い高圧水銀ランプである．効率よく強い光を出すので，屋外競技場や広場の照明に用いられる．

水銀ランプの内面に蛍光物質を塗布して光色を改善したものに蛍光水銀ランプがある．道路，工場，屋内競技場などに広く使われている．

水銀のほかに，金属のハロゲン化物を封入すると，金属原子に特有の線スペクトルが加わって著しく光色が改善される．これをメタルハライドランプといい，屋内屋外の一般照明に盛んに利用されている．

5.9. 光源の演色性

物の色を光源がいかに自然に見せるかという特徴を，その光源の'演色性'という．

物の色が自然に見えるためには，光源において各波長の光がバランス良く含まれている必要がある．

一般的にいって，白熱電球は赤系統の光が多く，青系統は不足している．これに対し，蛍光ランプでは赤系統の光は少なく，青系統が多い．したがって，白熱電球による照明では赤系統の暖色が生き生きとして見え，暖かみのある照明環境になる．冬の長いヨーロッパで白熱電球による照明が好まれるのはこのためである．

他方，蛍光による照明では赤が若干くすんで見え，青系統が強調されるので，涼しい感じの照明環境になる．夏の暑いわが国で住宅照明に蛍光燈が多用

されるのはこのためである．

　初期の蛍光燈は赤が極端に少なかったので，刺身が黒ずんで見えると非難されたが，近年はかなり改善されている．

　人工光源による物の色の見え方には，光源のスペクトルが影響するのはもちろんであるが，光源の数や光源の性質（点光源か線光源か）も大いに関係する．

　光源の数が少なくて暗い場合と，光源の数が多くて明るい場合とでは，物の色の見え方が異なってくる．初期の蛍光燈による照明で刺身が黒ずんで見えたのは，光源が少なくて暗かったせいもある．

　光源が点光源の場合は，反射が強く起こって光沢を増し，陰影がはっきりする．果物店の店頭で白熱電球を使うのはこのためである．蛍光燈は線光源であるため，全般的に部屋が明るくなるが，陰影が不明瞭になり，まぶしさを生じない．このような光の性質は色感に微妙に影響するものである．

〔川瀬　太郎〕

II 色の再現

6 染料と顔料

　現代人はカラフルな生活になれてしまって，赤いテントやブルーのスキーにも，特別な関心をもたなくなってしまったが，古代人の美しい色に対するあこがれは，きわめて大きく，天然染料の獲得に驚くべき努力が払われたのである．たとえば，エジプトで発掘された約5000年前のミイラには，アイ（藍）で染めた亜麻製の布が巻き付けられていた．東南アジアで芽ばえたアイ染めの技術が，5000年以上もの昔に，はるばるエジプトにまで伝わってきたのである．古代人の美服に対するあこがれが，現代人には想像もできないほど強烈であったことがわかる．

　われわれ人類は，つい120年ほど前までは，十数種類程度の，質のよくない天然染料で満足せねばならなかったのであるが，現在では約7000種類もの染顔料が合成され，人々の多様な要求にこたえている．カラー写真やカラーテレビジョンでは，三原色の組合せで多彩な色を出しているのに，なぜ，このような多種類の染料が必要なのであろうか．衣類の好みの大部分は色によって決まるといわれているが，衣類のコストのうち，染料の占める割合はどうか．ブルーの衣類は日光で退色しやすいと一般に考えられているが，なぜか．天然真珠の色は，はたして天然か．食品着色用染料の法的規制はどうか．染顔料工業の公害対策はどうか．このような諸問題について概要を述べることにする．

　なお，染料と顔料には，着色剤としての本質的な差はない．着色工程で，一度は，水などの溶剤に溶かして着色に用いるものを染料とよび，結晶のまま着色に用いるものを顔料とよんでいる．したがって，同一の化合物が染料として用いられたり，顔料として用いられたりすることがある．

6.1. 天然染料と染色史
（1） 鉱物性染料

人類最古の着色剤は鉱物性顔料である．スペインやフランスでは，2～3万年前の洞窟壁画が発見されているが，その顔料は鉄やマンガンの鉱石（酸化物）であることがわかっている．南洋諸島などの未開の土着民は，現在も身体を顔料で着色する習慣があることから，古代人も同様に，身体を直接顔料で着色したと推定してよいであろう．人類が衣服類を身にまとったのは，氷河時代以降と考えられるから，衣服類の着色も，同時代ごろから行われるようになったのであろう．

（2） 植物性染料

天然染料の主流であって，最も重要なのがアイ（藍）である．染め物屋を紺屋とよんだことからも，アイ染めが，昔の染色の王座を占めていたことがわかる．アイについで重要なのはアカネ（茜）である．エジプトでは今から約4000年前に，アカネによる染色が行われていた．この染色には明ばんなどの媒染剤が必要であり，染色方法も複雑である．古代において，このような複雑な染色が行われていたのは驚くべきことである．ベニバナ，ウコン，タイセイ（大青）なども用いられた．

（3） 動物性染料

地中海の東部海岸の古代民族は，その地方に産するミュレックスやプルプラと称する巻貝の液汁を用いて，美しい赤紫色の染色を行っていた．ことに，古代フェニキアの都市チラス（Tyrus）で，この方法が行われるようになったので，チリアン・パープル（南欧古代紫）とよばれている．フェニキア人は紀元前12世紀ごろには，このチリアン・パープルをインドやアラビアに輸出していた．またギリシャ，ローマ時代にも盛んに使用され，アテネやポンペイの遺跡から，この染料をとった巻貝が多数発掘されている．このチリアン・パープルで染めたものは，はなはだ高価であって，その使用は王侯，貴族に限られていた．これで染色した毛織物の価格は，原料織物の約230倍であったと伝えられている．1907年にドイツの化学者フリードレンダ（P. Friedländer）はこの巻貝につ

いて研究し，その12000個から，純粋の染料を約1.4g取出した．薄手の衣服1着分を染めるのにも，純粋の染料が2gくらいは必要であるから，この染料の貴重さがわかる．

エンジムシというカイガラムシからとった染料にコチニールがある．メキシコや中央アメリカにはえている一種のサボテンに寄生するカイガラムシのメスを捕え，熱湯に入れ，火熱で乾して商品にしたものである．このコチニールを水で抽出した液の中へ，明ばんなどの金属塩で媒染した布を浸漬すると緋色に染色できる．

（4） 大島つむぎの染色

絹糸をタチシャリンバイの樹皮の煮出液で染め，これを鉄分の強い特有の泥土中で，もみ込み操作を繰返して，黒かっ色に染め上げる．つまり，植物性染料と鉱物性染料で染めているわけである．このような処理により，染色されるとともに，糸の目方が2～3割増加し，手ざわりの感じもよくなるのである．

（5） 天然染料の化学構造

代表的な天然染料の化学構造式を表9に示した．植物性染料と動物性染料間には，類似した化学構造をもつものがあって興味深い．しかし，これらの染料

表9 天然染料の化学構造

植物性染料	動物性染料
アイ （インジゴ）	チリアン・パープル （6,6′-ジブロモインジゴ）
アカネ （アリザリン）	コチニール （カルミン酸）

化合物の多くは，動植物中に，そのままの形で存在するのではなくて，他の成分と化学的に結合して，違った化合物になっている．たとえば，アイ染めの染料化合物は紺色のインジゴであるが，アイの葉のなかでは，インジゴ分子の半分にぶどう糖が結合したインジカンという無色の化合物になっている．アイの葉の色は葉緑素の緑色で，藍色ではない．アイが枯れると，インジカンが酵素で加水分解され，さらに酸化されてインジゴを生じるので，藍色になる．

インジカン

6.2. 合成染料の誕生

染料が初めて人工的に合成されたのは1856年，今から約120年前のことである．19歳のイギリスの青年化学者パーキン(W. H. Perkin)が，マラリヤの薬キニーネを合成するのが目的で，アニリンを酸化したところが，目的物は得られずに，紫の色素が得られた．この色素は絹をよく染色したので，直ちにその工業化に着手し，いろいろな困難を克服して Perkin and Sons という会社を設立し，最初の合成染料を生産して，モーブという商品名で販売した．近代有機化学工業のあけぼのである．ケクレ(von S. A. Kekulé)がベンゼンの六員

表 10 化学工業のあけぼの

	化 学 技 術 史		概 観
1782	ワット	蒸気機関	産業革命
1791	ルブラン	ソーダ製造法	
1792	マードック	ガス燈	化学革命
1824	アスプジン	ポルトランドセメント	
1831	フィリップス	接触硫酸	
1834	ルンゲ	コールタールからアニリンの発見	石炭化学工業の開始
1846	ゾブレロ	ニトログリセリン	
1855	ルンドストロム	安全マッチ	
1856	パーキン	アニリン染料(モーブ)	合成染料の誕生
1868	リーベルマン	アリザリンの合成	
1878	バイエル	インジゴの合成	

環構造を提案したのが1865年であるから,ベンゼンの化学構造すらわかっていなかった時代における驚くべき発見である.

このころは,人類の科学的英知が泉のようにわき出し始めた時代であって,科学者にとっては,最もはなやかで,最も幸福な時代であったといえよう.この当時の化学史が表10である.

6.3. 染料・顔料の化学構造と色

3章に述べてあるように,照明光に含まれる特定の波長の光を吸収することにより着色するものの代表が染料・顔料である.太陽光の照射下にある物体

表11 アゾ染料の化学構造と色

構造	色
$C_6H_5-N=N-C_6H_4-N(CH_3)_2$	黄
2-メチルフェニル-N=N-(1-ヒドロキシ-2-ナフチル)	オレンジ
2-メトキシフェニル-N=N-(1-ヒドロキシ-2-ナフチル)	赤
$CH_3CONH-C_6H_4-N=N-$ ナフタレン(OH, NHCOCH$_3$, NaO$_3$S, SO$_3$Na 置換)	紫
フェニル-N=N- ナフタレン(OH, NH$_2$, NaO$_3$S, SO$_3$Na)-N=N-(3-ニトロフェニル)	青
ナフチル-N=N- ナフタレン(OH, NH$_2$, NaO$_3$S, SO$_3$Na)-N=N-(2,5-ジクロロフェニル)	緑

が，可視光線を吸収する場合には，吸収される光の波長が長くなるにつれて，物体の色は，それぞれ，黄，オレンジ，赤，紫，青，緑になる．有機化合物では，共役二重結合の数が多くなればなるほど，長波長の光を吸収する．また，アミノ基や水酸基のように，非共有電子対をもった置換基も，長波長の光の吸収を助ける作用がある．したがって，化学構造上からは，黄色染料が最も簡単で，緑色染料が最も複雑である．表11には，このような関係がよく表れている．

無機顔料の代表的なものにはチタン白(TiO_2)，ベンガラ(Fe_2O_3)，紺青(Fe(Ⅲ)KFe(Ⅱ)(CN)$_6$)などがある．無機顔料の着色の原因は，遷移金属原子と非金属原子間の配位結合にあることがわかっている．フタロシアニン銅は対称性のよい見事な銅錯塩化合物であるとともに，安価で，丈夫で，しかも鮮明な青であって，顔料の王者である．フタロシアニン銅では，銅に配位しているアザポルフィリン環が青であり，銅と窒素原子間の配位結合も青の原因になっているので，錯塩全体としても鮮かな青になるのである．

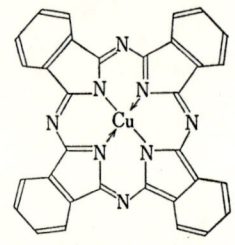

フタロシアニン銅

6.4. 染顔料の種類とその合成

(1) 7000種類の染顔料

人類は今から約120年前までの，長い長い歴史的時代を，数も少なく品質もよくない天然染料で満足せねばならなかったのであるが，いまや7000種類もの合成染料や顔料を使用し，思う存分に色彩を楽しんでいる．なぜこのような多種類の染料が製造されるようになったのであろうか．次のような原因がある．

（i） **多種類の繊維**　合成繊維の出現によって，日常，多種類の繊維を使用するようになった．

セルロース系	麻，綿，ビスコース
ポリアミド系	羊毛，絹，ナイロン
ポリエステル系	テトロン，酢酸人絹
ポリアクリロニトリル系	製法の違いによって染色性にも差がある

これらの繊維は，それぞれ染色性に差がある．たとえば，羊毛によく染まる染料も，綿やテトロンには染まりにくいのである．つまり，それぞれの繊維の染色に適した染料が必要なのである．同じセルロース系繊維のうちでも，麻は染まりにくく，ビスコース繊維は染まりやすいという，微妙な問題がある．

（ii） **多様な染色方法**　糸や布を染色浴に浸漬して1色に染める場合（浸染）と，型を用いて布に模様染めする場合（なせん）では，染色条件に大きな差があるから，それぞれに適応した染料が必要である．さらに染色機械の進歩によって，それに応じた染料が必要になってきている．

（iii） **染料部属の多様性**　綿用の染料にも，直接染料，建染染料，硫化染料，ナフトール染料，反応染料などがある．これらの染料部属は，それぞれに適応した染色方法が必要である．直接染料と建染染料を混ぜて使用することはできない．したがって，各染料部属ごとに，黄〜緑の色をそろえる必要がある．

（iv） **視感覚の鋭さ**　人間の眼はきわめて鋭敏で，識別できる色の数は数千にもなるといわれている．しかも人それぞれに，色に対する好みが異なり，ぜいたくである．これが，多種類の染料を必要とする根本原因である．

（v） **染料分子と染料会社の特殊性**　染料分子には各種の置換基を導入することが比較的容易である．置換基によって，染料の色を変えられるから，色の違った染料を合成しやすい．また染料会社では，自社製染料の構造を秘密にしているから，各社が，互いに構造のわずかに違った染料を製造し，世界全体では，7000種類にもなるという，特殊性も無視できないであろう．

（2） 染料の合成

19世紀末の染料の製造は，きわめて有利な事業であったから，当時の先進国においては，新染料の発明に多大の努力がなされ，基礎研究から製造技術にわたる広範な分野で急速な進歩をした．これが基礎になって，今日の有機合成化学工業が，はなばなしく展開されるようになったのであって，人類の色に対する欲望が，近代の化学工業を生みだしたとみることができよう．

6.5. 工業的染色と家庭染色

　衣類が豊富になった現在では，実用的意味で，家庭で染色することはなくなったが，趣味としての染色はこれからも続くであろう．しかし，家庭で行える染色には限界がある．合成繊維の代表はテトロンなどのポリエステル繊維であるが，残念ながら，これを家庭で染色することは困難である．テトロン繊維は組織が密で，染料分子が入り込みにくいのである．工業的染色では，加圧がまで，$100 \sim 120°C$ の高温にすることにより染色を可能にしている．また，建染染料のなかには，日光に対して，最も堅ろうな染料があるが，染色方法が複雑で，家庭染色には無理であろう．ナフトール染料はなせん（捺染）によく用いられるのであるが，これも家庭では無理である．反応染料も高温処理が必要であるが，綿を洗たくに強いように染色するのには便利で，アイロンなどを上手に使用すれば，家庭染色も可能であろう．

6.6. 強い染料と弱い染料

　同じ色の染色物であっても，日光や洗たくに対する強さに大きな差がある．たとえば，直射日光に2時間もあてると退色が認められる染色物もあれば，300時間あてても退色しない染色物もある．染料の強さは，その化学構造によってだいたいは決まるのであるが，被染物の種類によっても大きな差がある．絹を染めた場合には弱い染料でありながら，アクリロニトリル系繊維を染めた場合には，強い染料である場合がかなり多い．同一の染料でありながら，染着している繊維によって，退色機構が違うのである．

　ところで，青い色は弱く，春物の服の色は弱いと一般にいわれているが，これはなぜであろうか．理由は次のようである．

　① 人間の眼は，青い色の濃度変化に敏感である．黄系統の色では，日光で退色して，染料の濃度がかなり変化しても，人間の眼にはさほど感じないが，青系統の色では，これを鋭敏に感じる．

　② §6.3で述べたように，青や緑の染料の化学構造は複雑である．したがって，染料分子のどこかが，日光の作用などで破壊される可能性が多くなる．

つまり，実際に日光に弱い染料がかなりあるわけである．

③ 淡色は弱く，濃色は強い．濃色では，染料が少しくらい変化しても目立たないのである．春物は一般に淡色であるから，退色が目につきやすい．

染色物の堅ろう度の測定方法については，40種類以上の日本工業規格が制定されている．そのうちで，耐光堅ろう度が最も重要である．この試験方法では1～8等級の標準青色染布と試験片を同時に光にあて，試験片の退色の度合を標準青色染布の退色の度合と比較して，その強さを測定することになっている．標準に青色染布を用いるのは，前述のように，人間の眼が青色の変化に敏感なためである．図55が耐光堅ろう度の測定方法である．まず，最初に図の左のようにして一定時間光にあて，ついで図の中央のように不透明おおいを移動させて，さらに光をあてる．同様に図の右のようにして光をあてて，3段階の

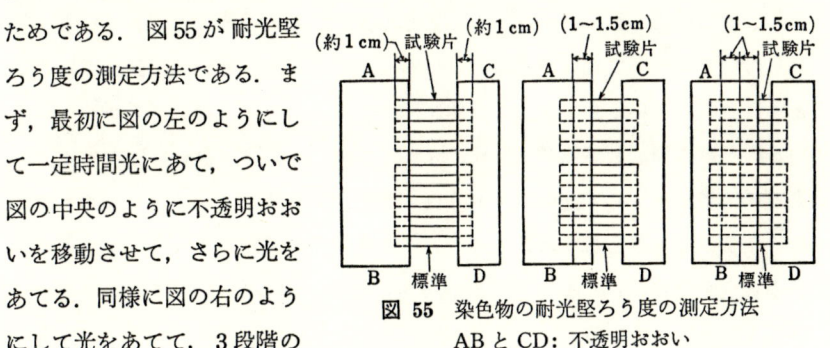

図 55 染色物の耐光堅ろう度の測定方法
ABとCD：不透明おおい

退色をさせ，標準と試験片の退色の度合を比較する．日本では輸出繊維品について，このような検査を行い，不良品の輸出を防止している．

6.7. 衣料中の染料の原価

衣類の価格中に占める染料の価格の割合はあまり大きくない．染料の量がわずかでよいからである．繊維の染色に用いられる量は次のようである．

淡色	繊維重量の	0.5～1%
中色	〃	1 ～2%
濃色	〃	3 ～5%

1000gの繊維に対して，中色ならば10～20gあればよい．少し上等な染料でも1kg当り5000円程度であるから，染料の原価は50～100円にしかならない．大人1着分の衣服は300～2000gであるから，これに必要な染料の価格は

わずかである．衣服を選ぶ場合の最重要な条件が，色であるから，染料の重要さがわかる．100円程度の染料が，数万円の衣服の価値を支配するのである．そのように重要な染料の販売価格も，現在では，採算ベースぎりぎりの線におさえられているところに，自由競争のおもしろさがある．

6.8. 食品用染料・雑貨染色

1959年制定の食品衛生法では，24種類の合成染料が食品用色素として認可されていたが，現在では11品種に制限され，しかもそのうちの10品種が製造，使用されている．医薬品や化粧品の着色も，これらの色素で行われている．これらの色素については，厳重なテストが行われていて，きわめて安全であることが確認されているが，現在の日本では，なんとなく不安な眼でながめられている．その半面，天然物であれば，すべて安全であるようないい方をする人もあるが，これは正しくない．カレー粉の黄色は，クルクミンという天然色素である．食品用色素としては黄色4号という合成染料が認可されている．この両者の安全性を比較してみると，黄色4号はクルクミンよりも75倍も安全であることがわかっている．

日常，われわれが愛用している品物にも，思わぬ形で染料が使用されている．たとえば高価な毛皮の毛も，部分的に染色されているものが多い．日本ではピンクがかった真珠が喜ばれているが，天然真珠で，このような色のものをそろえるのは容易でないから，染料で着色して，適当な色にととのえるのである．雑貨品の着色が盛んになりすぎて，金色に輝く装飾品をみても，それがほんとうの金であるとは誰もが考えなくて，染色されたアルマイトであると判断するようになっている．

6.9. 最近の動向

染色工業には上質の水が必要である．ところが最近では，このような工業用水が得にくくなっている．また，その排水は染料で汚染されているから，環境保全上からも，その脱色が重要になっている．こんなところから，水をなるべ

く使わない染色方法の研究が盛んで，かなり実用化されるようになった．この ひとつの方法として，昇華転写なせんがある．模様染めには多色ロールなせん 機がよく用いられている．簡単な例が図 56 であって，印刷機と類似している． なせん機では染料をのりに溶かして布に模様づけし加熱後水洗して，のりを取除くのであるが，多量の水を使用するとともに，排水をのりで汚すことになる．この欠点を除くのが目的で，昇華転写なせんが考え出された．昇華しやすい染料を紙に印刷し，これを布に重ねて加熱し，紙上の染料を昇華によって布に転写するのである．この方法では，工業用水をほとんど必要としない利点がある．

染料工業では有毒物質に対する取扱いがきびしくなり，以前は染料の原料として重要であった β-ナフチルアミンやベンジジンの製造が中止された．また鉛，カドミウム，クロムを原料とした顔料も製造されなくなった．　　　　　　［飯田　弘忠］

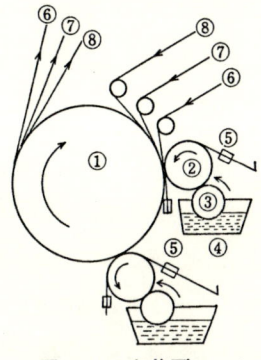

図 56　2 色片面ロールなせん機
① 加圧シリンダー，② なせんロール，③ なせんのりづけロール，④ なせんのり箱，⑤ 余分のりかきとり器，⑥ なせん布，⑦ アンダークロス，⑧ ブランケット

7 カラー印刷

今日，われわれの周囲を見回すと印刷物の多いのに驚く．印刷という言葉とともに容易に頭に浮かぶ書籍，雑誌，新聞はもとより，日々使用する紙幣，食物の缶，プラスチック容器，袋，はなやかな服地，家具，建物の木目，美しいポスター，複製画などすべて印刷物であって，われわれは印刷物に囲まれて生活しているといっても過言ではない．

印刷複製では，大量に同一の画質のものを高速で生産し，また一般の写真と比較して画像を乗せる材質を選ばず，大判で色の耐久性がよいことなどが特徴としてあげられる．

印刷の技術は，中国に始まって千余年の歴史をもつが，この間常に時代に応じ，周辺の科学技術の発達を巧みに取入れて進歩しており，現在でも多色複製のプロセスはすでに第二次大戦前とはかなり異なっている．

色のついた印刷物をつくる方法も，活版術の発明で有名なグーテンベルク(J. Gutenberg)およびそれに続く時代は輪郭を印刷し，手彩色を施していたものが，やがて日本の木版画のように各色ごとに版をつくって刷り重ねる形式となった(口絵2参照)．

写真法が発明されると，これを利用して版材に感光液を塗り，写真像を焼付けて案内とし描画で補う方法が起こり(写真石版として美術複製に利用された.)，次いで現在のように焼付けた写真をそのまま製版，印刷できるようになった．

さらに，今日では後述のように原稿の色濃度を光電子増倍管に読取らせ，この出力信号によって彫刻針を上下させ，色刷り用の版を刻む方法も広く行われ

ている.

　色のついた印刷物はきわめて多種であるが，一般にはカラー印刷とはポスター，美術複製に見られる，三原色法による印刷を指すように考えられるので，以下これを主体として印刷の多色刷りについて述べる．

7.1. 版式による分類

　印刷物は版形式によってそれぞれの特徴をもっている．カラー印刷も各版式により行われているので，まずこの分類と事例を示す．

　図57-1は凸版であって画線が凸状になっている．この形式では，活版がな

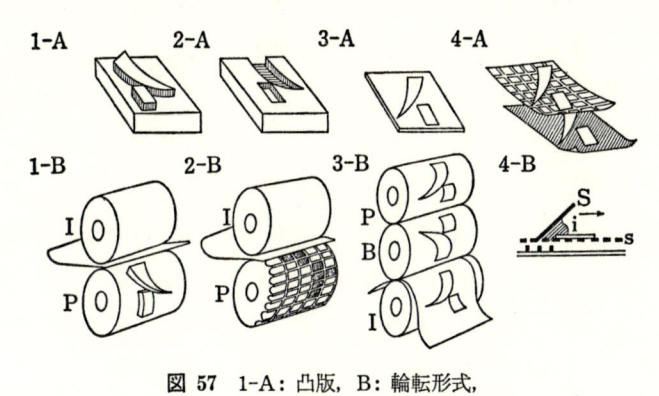

図57　1-A: 凸版, B: 輪転形式,
　　　2-A: 凹版, B: グラビア輪転,
　　　3-A: 平版, B: オフセット,
　　　4-A, B: スクリーンプロセス（i: インキ,
　　　　s: スクリーン, S: スクレーパー）

じみ深いが，絵模様の印刷として浮世絵などの木版画があり，また画集・絵はがきの印刷として原色版がある．

　凸版は画線が明確で，力強い階調，大きな色濃度をつくる特徴をもっているが，輪転形式(1-B 図)を除くほかは他版式より印刷速度がやや遅く，版材，製版時間の消費が大きいので衰退の気味にある．

　2-A 図は凹版で，凹状画線にインキがつめこまれ，厚いインキ膜が紙にうつる．

絵の印刷は木版で始められたが、凹版は濃淡表現に非常に優れていたため、多くの著名な画家によりさまざまな技法が開発され、写真法発明前の優れた絵はもっぱらこの方法によった。一般には銅版画、エッチングなどの名で一括してよばれている。

凹版の写真的手法が雑誌などのグラビアページでなじみ深いグラビアであり、深さの異なる小孔(2-B 図)にインキをつめて印刷する方式である。

3-A 図は画線、非画線の高低差のない平版で、石版石という石の面に脂肪性のインキで描画し、印刷をするところから始められた。この方法は凸版や凹版のように版材を彫る手数がいらないという点で画期的な発明であって、このために絵の印刷法としての凹版は急速に姿を消した。石版石はその後、亜鉛、アルミニウムの薄板に代わり、今日ではリトグラフといわれる版画部門に残っている。

亜鉛、アルミニウムを使った平版では、板から直接印刷されることはほとんどなく、3-B 図のようにいったんゴムのブランケット上に絵を転写してから紙に移すオフセット印刷方式が採用されている。このために、現在では平版はオフセットの名で広く親しまれている。平版では大きな絵模様も容易に製版することができ印刷速度も早く量産に向いているために、日常われわれが街頭、電車内で見ているポスター類の大部分および書籍、雑誌類の色刷りの多くはこの方法によっている。

孔版は 4-図に示されるように、細かい網の目の一部をおおって上からインキをつけ、これを網の下の面に押し出す方式である。版材はナイロンまたはステンレスのスクリーンであるから、長尺の版をつくることができ、また印刷物はインキ膜が厚い。このために、下地をかくす必要のあるガラス容器に対する印刷、多量の色料を必要とする捺染、大きな版を要する巨大なポスター、看板などの印刷に使用される。製版は非画線部をつくるための被覆材を切り抜いてはる手工的方法のほか、感光液を利用して写真的にスクリーンの眼をふさぐ方法があり、階調のあるものに対しては後者が使われる。

コロタイプはガラス板上に厚く塗布したゼラチンの上に写真ネガを焼付け、

露光の度合いによって変化したゼラチンの吸水性(したがって油性インキに対する版面の反発性)を利用した方法で，平面の版であるところから平版に分類している例もあるが，いわゆる平版またはオフセットとは異質である．

　コロタイプは濃淡を不規則かつ濃淡のあるきわめて細かい点の集合で表現するために原画にきわめて近く，複製画質としては印刷技法のなかで最も優れているが，多数複製の場合品質の安定性および印刷速度の点で他のプロセスに劣り，美術複製物は高価である．

7.2.　三原色法による色複製
（1）　三色分解

　カラー印刷の大部分は1章に述べられた減法混色による色の再現を基盤としている．

　口絵3に見られるような3枚の色フィルターを使って写真フィルムの上に原稿のR, GおよびBの成分を記録する操作は三色分解といわれ，カラー製版においてこの作業は各版式に共通である．

　三原色インキとその吸収・反射光の関係は次のようである（4章参照）．

　シアンインキ　　　R光：吸収，G, B光：反射

　マゼンタインキ　　G光：吸収，B, R光：反射

　黄インキ　　　　　B光：吸収，R, G光：反射

すなわち，Rフィルターによる分解ネガの濃淡に従ってシアンインキを少なくあるいは多くつけると白紙のR光の反射はそれにつれて調節される．G, Bフィルターネガについてもマゼンタおよび黄インキで同様にすれば三者の刷り重ねられたものではRGBの反射光の比が原稿同様になるので，白紙上に色が再現されることになる．

　口絵3は原稿，分解ネガ，版およびその刷り重ねの状態を示している．

（2）　濃淡の表現

　（i）網　版　　前項で述べたように三色分解法によって色を再現する場合には，まず濃淡を印刷物で表現する必要がある．平版，凸版，孔版は，一様

なインキ膜が紙に転移するので，絵具のような方法で濃淡を表すことはできない．このために絵画の点描法に類似した方法を利用する(§1.7参照)．口絵3でシアン版の一部を拡大すると同図 G のように中心間の距離が等しい規則的な点の配列ができており，絵の暗い部分では点面積が大きく，明るい部分では小さい．

このような構成の絵は網版または網印刷物といい，これに対して写真印画紙や水彩画のようにかなり拡大しても粒子の配列が見えないものを連続調とよんでいる．

網版は，かつて網目状に黒線を刻んだガラス板を感光板の前に置いて写真をつくったところから，点の密度をこのガラス板の線数でいう習慣がある．アート紙を使った美術印刷では1インチ間の点の数は150〜175が普通で，たとえば150線の網版という．線数は細かいほどディテールの描出がよいが，紙質，版式により最適線数が異なり，新聞では60〜65線，書籍では80〜100線が使われる．また重ね刷りの場合，点の配列角度が同じか近いと各版の点が干渉して図58に示すような不快なモアレ模様を生ずるため，各色版は角度を変えている（口絵3を拡大鏡で見るとわかる），これをスクリーン角度という．

図 58 網版が二つ重なったために起こるモアレ模様（右半分）

(ii) グラビア（コンベンショナルグラビア） グラビアでは紙にのるインキ膜の厚薄によって濃淡が表現されるので階調のうつり変わりがなめらかであり，紙上では明るい部分をのぞいては小孔のひとつひとつは見えない．また，深い色が出るために網版とは異なった印象を受ける．

(iii) その他　　コロタイプは前述のように網点をもたない．近年開発されたスクリーンレス平版は版上の細かい凹凸に応じてインキがつくもので，不規則な分布の点はきわめて細かく，個々の点の濃度も異なるもので良質な画像を

得ることができる．版画の分野では，凹版(銅版画)は線または点の疎密と幅，インキ皮膜の厚薄によって濃淡を表現し，暗部の深いディテールを表現できる．石版画では版面を粗く研ぎ，この面に画用紙に描くように描画用クレヨンを使って濃淡を表現する．木版のうち，西洋木版(木口木版)はペン画同様に線の幅と疎密で階調を表している．このほか日本の木版画は1枚の版上に水と絵具をつけ，ボカシを印刷している．

（3） 三色複製のプロセスと色の調節

三色分解以降のプロセスは各版式において多少異なっている．図59は凸版

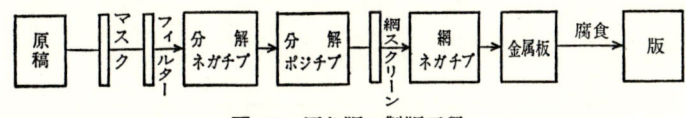

原稿 → マスク → フィルター → 分解ネガチブ → 分解ポジチブ → 網スクリーン → 網ネガチブ → 金属板 → 腐食 → 版

図59 原色版の製版工程

形式のカラー印刷，すなわち原色版であって，網ネガを感光液を塗布した亜鉛または銅板に焼付ける．現像をすると，網ネガの透明部に当る所は感光膜が残り，ネガの不透明部は膜が流れ去って金属が露出する．この膜は耐食膜として働き，腐食液につけると膜におおわれていない金属部が溶出して凸画線を得る．凸部の高さは 30〜50μ 程度で，この高さに達するまでに横方向にも腐食が広がり，図60のように網点は小さくなる．横方向へ腐食を防ぐ方法は種々工夫され，現在ではほとんど止めることができるが，逆にこの現象を使って色の調節（色修正）ができることもこの版式の長所である．たとえば，赤は黄版とマゼンタ版の重ね刷りでつくられるが，紅葉の景色を製

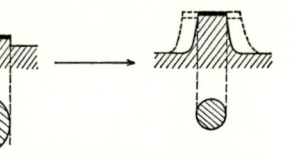

図60 側面腐食による網点面積の減少

版，印刷して赤が濃すぎた場合，両方の版のその部分だけをさらに腐食すれば点は小さくなり，その結果色はうすくなる．

原色版は白黒写真からスクリーン角度を変えて4枚の網版をつくり，これを部分的に腐食して色版とし，天然色の印刷物をつくれる（人工着色版）ほどにこの修正幅が大きいことが特徴である．現在原色版製版のほとんどは図61のよ

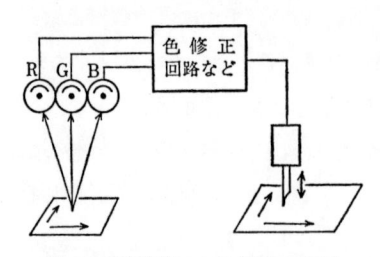

図 61 彫刻機による網点の製版
電子回路によりコントラスト，シャープネスなどの調節も行う．

うな彫刻機によっている．図の左側は微少面積の RGB 反射光量を計る部分で，3種の信号は後に述べる色修正回路を通り，右側の彫刻針を上下させる．針の先が逆ピラミッド形であれば，深くはいるほど凹形の穴は大きく，したがって高く残った部分の面積は小さい．浅ければこの逆である．彫刻機は原画および版材を平面的に走査し，彫刻針は一定間隔で上下する．

図62はオフセット製版の例である．図中網ネガ，網ポジの部分に修正が加

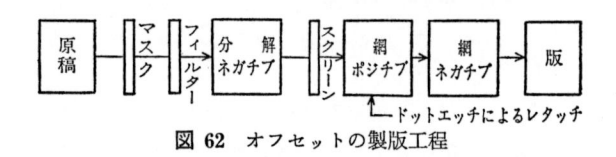

図 62 オフセットの製版工程

えられている．平版では感光液を塗布し，ネガまたはポジを焼付けた版が現像後そのまま版になるので，凸版のように腐食で点の大きさを調節しえない．この場合は網ネガまたは網ポジのフィルムに減力液を作用させて，網点の周囲を削り，点を小さくする．原色版の項でわかるように，ポジに減力を行えば印刷物の色は薄く，ネガを減力すれば濃くなる．

図63はグラビアであって，焼付け用のポジは連続調を使用する．修正はこ

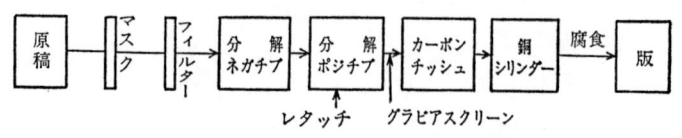

図 63 コンベンショナルグラビアの製版工程

のポジを減力したり，染料で補筆して行い，この段階は，グラビアの色，品質を大きく左右する．この部門に原色版同様に彫刻機がほぼ同時に出現しているが，規模が大きく，したがって高価のため，あまり普及していない．グラビア

は画質もよいうえに輪転形式で印刷し，インキの乾燥速度も早く，高速印刷に適しているために週刊誌の色刷りに多用されている．

図64は三色分解と同時に網分解をする方式で，像が尖鋭であり，時間も短

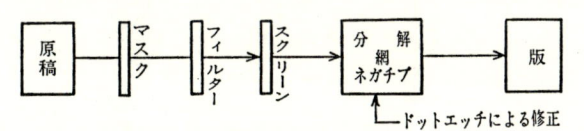

```
原稿 → マスク → フィルター → スクリーン → 分解網ネガチブ → 版
                                              ↑ドットエッチによる修正
```

図 64 直接法三色分解(通称ダイレクト法)

縮できるために平版分野で歓迎され，現在写真による色分解の70%程度はこの方法で行われている．

印刷複製では後に述べるような，写真あるいは電子回路によって後段での色の狂いを補償する形式の修正が行われるが，階調の圧縮，色相，飽和度の限界などから局部的になお修正を施して感覚上原稿と同様な印象を与えるようにすることが多い．この点で絵画の複製では原画を身近に見られる所ほど良い印刷物をつくる機会が多いことになる．

(4) 色修正・マスキング

(1) では原色インキは，R, G, B 光のなかの一つのみを吸収し，他の二つは完全に反射するように述べた．しかし，これは実際にはきわめて不完全である．

図65 (右)はシアンインキの網点を小さくした場合の印刷物の分光反射率を示す．(左)は仮定のシアンインキの濃淡による分光反射率の変化を示す．(左)の場合はシアンの濃淡によってスペクトル可視域の R 部分のみが調節されているのに対し，(右)の場合には G がかなり多く，また B もある程度調節されている．すなわち，シアンインキは R を吸収すると同時に G も吸収している．いま，三色分解ネガの指令どおりに R の減量分のシアンインキを紙につけ，また G の減量分のマゼンタインキを紙につけると，上の事実から G はすでにシアンにより減量されているので，過度に減ることになる．同様にしてマゼンタインキは B を不必要に吸収するので，三色分解ネガの指示どおりの印刷では，複製色は G, B 光が不足し，濁った暗い色となる．

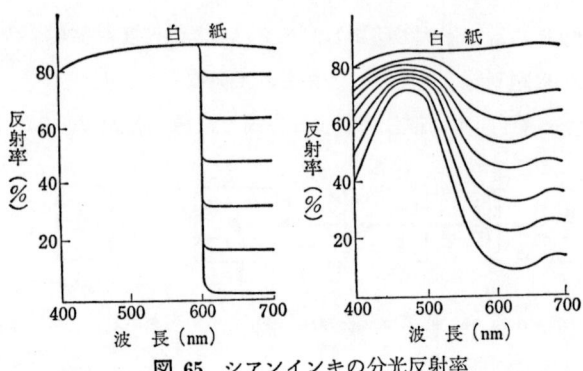

図 65　シアンインキの分光反射率
左：仮想のシアンインキを多くつけていった場合の反射率の変化（上より下へ）．
右：実際のシアンインキを使って網点面積を大きくしていった場合の反射率の変化．

図66はインキの欠陥とともにその修正法を示したもので，三原色インキを使って原画どおりの色をつくるための事例である．修正なしの場合，たとえばシアン部分はマゼンタ版にも記録され，したがって重ね合わせて印刷した場合，

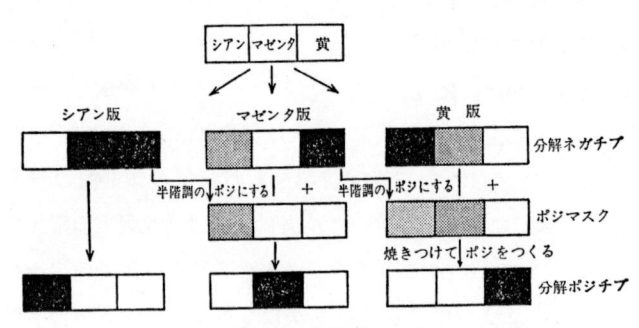

図 66　色修正マスク

シアン部にはシアンインキとマゼンタインキの両者が重なって紫色となる．シアン版およびマゼンタ版ネガから淡いポジをつくり，前者をマゼンタ版分解ネガ，後者を黄版分解ネガと合わせて感光板に露光しポジをつくれば，上記の欠陥は補正できる．この淡調のポジを色修正マスク，このような写真的色修正をマスキングといっている．マスキング法は水彩，油絵のような反射原稿用と，

ポジカラーフィルムのような透過原稿用の両者ともに多岐にわたっており,写真による三色分解には不可欠のものとされている.前節の各製版プロセスに記入されているマスクはこれである.

図 67 はカラースキャナーといわれる機械で,左端のガラスシリンダー上の透過原稿の R, G, B 量を光電子増倍管に受け,この出力信号で相互に制御し,この結果を右端のランプの明暗に変えてシリンダー上の感光材に露光する.この機械では,色修正のほか,コントラストの変更,シャープネスの増大などを効果的に行うことができる.カラースキャナーは,連続調,あるいは網版の形式で分解ネガ,ポジをつくり,小さな原稿からの拡大もかなり自由で,現在わが国の色分解の過半数はこの方法によっている.

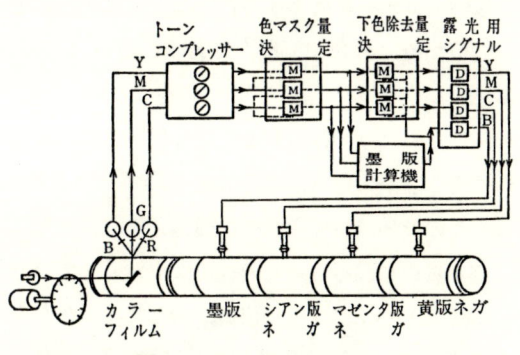

図 67 カラースキャナー

(5) **三色印刷物の色**

口絵 3-H は三色網印刷物の拡大図で,印刷物が三色網点とその重なり合った色および白紙の計 8 色で成立っていることを示している.これらの点はそれぞれの色光を反射して眼に送り,ここで混合されて総合した色刺激を与えるので,このことから加法混色といえる.一方,色の点一つ一つは色インキの重なり合いでできているので減法混色である.すなわち,網版は加法,減法の両混色効果により色をつくっている.

グラビアではインキ点が崩れて重なり合うため,減法混色の効果が大きく,このために色の出かたおよび色修正も網版の場合と多少異なっている.

(6) **墨版・うす色版**

印刷複製が写真,テレビジョンと異なるひとつの点は原画の明暗成分のみを記録した墨版を使用することである.口絵 3-E, F はカラー印刷物をつくるた

めに三原色のみを使用した場合と，これに墨版を加刷した結果を示しているが，この両者を比較すると墨版の効果がよくわかる．

墨版はコントラストの増大とともに暗部に色域を拡大する効果をもち，これを抜いたカラー印刷物は品質的に受け入れられない．

このため，多色印刷機の構成は 4 色が 1 セットになっているのが普通である．

三色重ね刷りで得られる明度の低い色は，灰色とわずかな色インキを重ねてつくることができる．紙面に多量のインキがのることをきらう高速多色機では，このため墨版は色版の共通部分を取入れた階調であり，色版はその濃度の一部を墨版に代行させて着肉量を少なくしている．

網版は，ハイライトの階調を出しにくい欠陥をもつ．淡い，微妙な色調をつくる場合，この欠陥を補うためとくに淡い原色インキを追加して印刷することがある．

このうす色版(工場現場では補色の名でよばれることが多い)は色域の増大に対する寄与はわずかであるが，視覚的効果は大きい．

このほか，純度の高い色については特別の色インキを使う場合もあり，まれには三原色法を使いながら十色刷りなどの例もある．

7.3. 特色インキによる多色刷り

三色分解を使わない多色刷りは，原画と同じ色のインキを使って印刷する方法である．この方法は色画像をつくるためには一見はなはだ不経済のようであるが，次の理由により広い分野にわたって使われている．

（1）三原色法の色域の不足

原色インキの刷り重ねは十分な色を出すように見えるが，その範囲は図 68 に示す程度で，明るい，純度の高い色は出すことができない．マンセル色票と印刷カラーチャートを比較すると，10PB, 2.5BG, 10GY, 2.5RP のように鮮かな紫，緑，紅色はこの方法ではつくれないことがわかる．これは，シアンおよびマゼンタインキの分光反射率の欠陥および網版の階調再現性の不完全さ

によっている.

　純度の高い色は，インキや顔料の混色によってつくるより，その色をもった顔料によるインキを使用する方が，はるかによい結果を得る．企業色といわれる各会社固有の色をパンフレットなどに刷り込むために，欧米では4色ユニット（三原色＋黒）のほかに1色を追加し，5色単位の印刷機をつくっていることもこの一例である．また版画，古地図の複製なども特別の色インキを使わないと似た色が出ないことが多い．

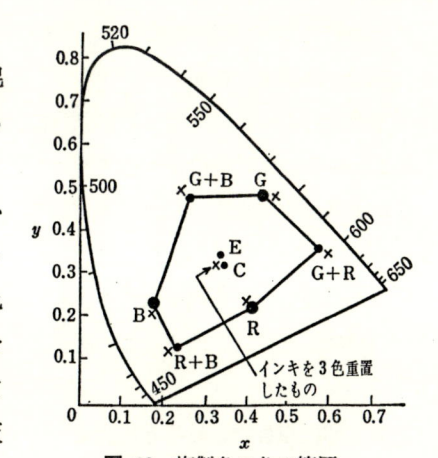

図 68　複製色の色の範囲
●：DIN に規定されたインキ，
×：国産インキ．

（2）　画像の尖鋭度

　三色分解では，次段に必ず網版が必要である．図69は文字原稿を網版にしたもので，尖鋭度がかなり落ちている．文字が細かくなると網分解のため読めなくなる場合もあり，このために三色分解を使用できないこともある．

（3）　色版の重ね合わせ精度

図 69　網版による画線の乱れ

　原画の黒線は三色分解によってすべての色版に記録され，したがって黒は3色の重ね刷りで表される．印刷用紙の伸縮を考えると広い紙面のすべての部分で，細い黒線上に3色が一致することはむずかしい．地図などはこの理由から黒色画像は原稿時点で分離製作される．

（4）　色の安定性

　網版印刷は，温湿度，材料の変化で容易に大きさが変動する．このために色がとくに一定であることを要求される場合（たとえば同じものが並べられるタ

(5) 経済性その他

日常気付いていない木目の印刷物は銘木を原稿として木目模様を写真的に抽出し，各版に木の色に似た色インキをつけて印刷したもので，三色分解によるものより効率がよい．

以上の理由から三色法以外の色刷りはかなり多い．捺染，切手，地図，タバコの包紙，紙幣などはみなこの分野に属している．

7.4. 印刷複製物の特徴と問題点

印刷複製は今までにそのおよそを紹介したように多彩であり，それぞれの長所，欠点をもっている．版画のような手工的な製版・印刷法でも一見写真のような作品も可能で，濃淡表現を網点によらず，また版に対する着肉量も大幅に調節できるうえ，特別の色インキを使うことができるので，深い色，力強い階調を表現できる利点をもつ．しかし，この方法は一枚一枚の印刷物の色が一定しないうえに，生産速度が著しく遅い．

スクリーンプロセスは紙面につくインキ膜が著しく厚くできるため，日本画の絵具を盛上げたような量感のある色画像をつくる．しかしこの方法は濃淡表現で網点を使うが，網版と版のスクリーンの目の関係から細かい網版を使えないため，美術複製には不向きである．

カラー印刷には三原色法が最も適当であるが，このなかでも原色版，グラビア，オフセットはそれぞれ特徴ある画質をもっている．前二者はインキが版から直接転移するところから一般に明度の低い部分で彩度の広がりがあり，オフセットは明るい色で有利である．図70は色度図上にこの状態を示している．

原色版は上述のように濃い色に有利である一方，ハイライト部にも版上の紙を支えるため最小の網点を凸出させておく必要があるのでその部分を完全に白紙にすることができず，やや暗くなる傾向をもつ(ただし他の部分との対比で白く見え，この欠陥はあまり感じられない)．

7 カラー印刷

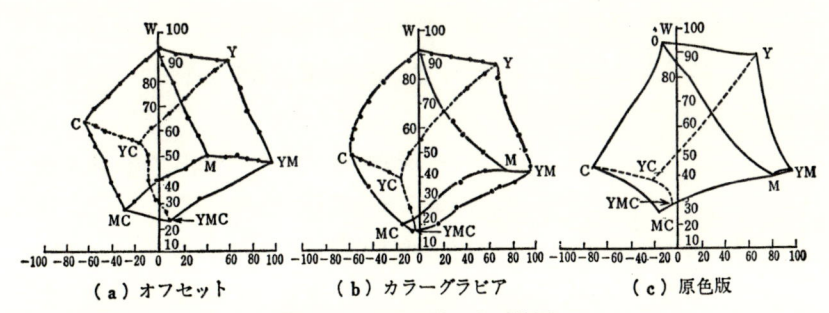

図70 三色印刷物の色の範囲
(a) オフセット　(b) カラーグラビア　(c) 原色版

uv 色度図を平面におき，これに明るさを示す W を垂直の軸として立て，この空間に印刷物の測色値を並べたもの．六面体の頂点は1色および重ね合わせの色．

カラーグラビアは輪転機を用い，限られた材料および時間内に印刷されることがほとんどで，このため一般のものは色の重なりの精度がやや落ちて色のにじみや尖鋭度を欠く点があり，また一般にハイライトがやや暗い．良質の用紙または枚葉紙を使った印刷ではこの欠点がなく，品質が優れているが高価なため使用例が少なく，一般の眼にはふれていない．

オフセットは最も一般的で，ほとんどの週刊誌，ポスター，カタログ類に見られる品質のものである．

3版式ともに工業規模でつくられる印刷物には次のような問題がある．

(1) 色の変動

印刷は大量に同質の絵をつくり，また現在一般的に利用できる手段のなかでは最も均一安定した製品をつくる方法であるが，機械から出てくる刷上りの色は厳密には必ずしも同一ではない．これらは印刷条件，材料の特性による バラツキであって図71にこの例を示している．通常この誤差は，オフセット，グラビア，原色版の順で小さくなる．

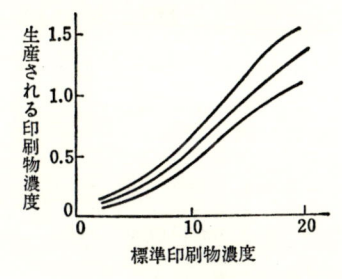

図71 グラビア印刷物のバラツキ．上下の曲線は同じ印刷物の濃淡の極端な例．中の線は平均値．

(2) 階調，色の変更

網版によるディテールの表現の限界，イン

キ膜の制限,顔料,用紙による制限などから,ポジカラーフィルムの全濃度域をそのままに印刷物に移すことはできず,濃度の範囲はおよそ 2/3〜1/2 になってしまう.

濃度域は全階調にわたって直線的に圧縮しても満足な画調は得られず,この際どのような階調を縮めればよいかが問題となる.一般には,図 72 に示される逆 S 字形の曲線もすすめられているが,原画の性質により異なる.

複製限界外の色についても同様であって,とくに必要な色については特別な色インキを用いて補うこともあり,通常の 4 色に 6 色を加えた例もよく見受けられる.

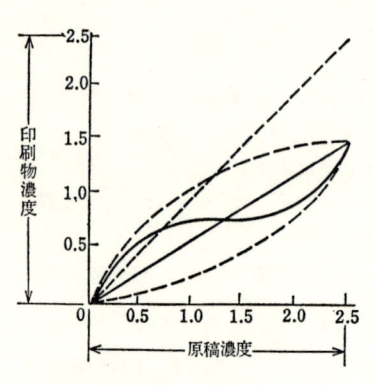

図 72 複製物の種々な再現曲線
（図は実際より誇張してある）

（3） その他

原稿が 35 mm フィルムであるような場合,これを拡大して印刷物とすると印象がかなり異なる.たとえば,原稿の画面で髪の毛が黒く見えてそれだけで十分であったものが,拡大された像ではそのなかに階調がなければ満足を与ええない.階調同様,色についてもこの種の問題は多い.

商業印刷物では原稿をそのまま忠実に複製しても,原稿カラーフィルムを観察した場合の眼の順応の条件,また上記面積の関係等でフィルムから得た印象と印刷物の印象が異なったり,また商品に対する記憶色と印刷物の印象が異なるケースがある.

その他多くの問題は,製版あるいは印刷部門の熟練者により解決されているため,各部門の自動化,機械化の進歩にもかかわらず,会社によって製品の質に差がつくことになる.

〔国司 龍郎〕

8 カラー写真

　太古から人類は岩や土に画像を描いた．それらの画像は，ときには色を伴い，具体的な記録を後世に伝えた．絵画が生まれ，絵師達の筆はその時代の人人の姿をとらえ，また同時にその時代に生きる人々の思想をも伝えることができた．長い歴史の歩みのなかで絵画は正確な記録の手段として考えられ，絵師達の写実の筆は精緻をきわめるようになった．写実的絵画の時代は，やがて写真技術によって置換えられるようになる．

　18世紀の初めごろから，絵筆を光の筆に置換えようとする試みが多くの学者達によって行われた．写真を目指す実験である．実用的な写真プロセスは，1839年にフランスのダゲール(L. J. M. Daguerre)によって発明され，ダゲレオタイプ(daguerreotype)と名付けられた．写真の試みが始まってからダゲレオタイプまでに1世紀の年月が必要であった．

　この時代から写真技術は日常の生活と密接になり，この技術を photography とよぶようになった．photo はギリシャ語の phōs（光），graphy は同じく graphē（描く）であり，photograph は光で描かれた画像を意味する．

　カラー写真は，ダゲレオタイプからわずかに20年あまりのち色覚の三原色説にもとづき，1861年マックスウェル(J. C. Maxwell)によって加法混色プロセスが，また同じころデュオーロン(D. duHauron)によって減法混色プロセスが試みられている．この時代のカラー写真の実験は，見かけ上成功したとはいえ，ある意味では全く偶然の成果であった．当時の写真撮影用感光材料は可視スペクトルの青色領域にしか感光しなかったので，三原色(赤，緑，青)を別々に分解して撮影することは不可能であったはずだが，当時の実験ではカメ

ラ,レンズの前に赤,緑,青の液体を満たしたガラス槽のフィルターをつぎつぎに置換えて三色分解撮影を行っている.そして,不十分ながら被写体の色を写真的に再現している.

この不可能なはずの色再現がなぜできたかという謎は,さらに100年後エバンス(R. M. Evans)によって分光的に解明されるが,それは一口にいって,全くの偶然による成果であった.しかし,この偶然により人類は,カラー写真が実際に可能となるはるか以前に,カラー写真の理論的可能性を知ることができたのである.理論的に目標が示されたことによって,技術上の開発が促進され,前世紀末には多くの実用的カラー写真方式が生まれ,現在の基礎をつくっている.

8.1. 加法混色カラー写真

カラー写真としては,最も原理的なものであり,また同時に数多くの実用的なプロセスの基礎となったのが加法混色方式である.

現在,最も新しく開発され実用されている瞬間カラー映画 Polavision も加法混色によるものである.この方式では,被写体を加法混色の三原色で分解撮影して得られたポジ画像を同じ色の光で投影し,赤,緑,青の三色光でできた画像を正確に重ね合わせて,被写体の色をスクリーン上に再現する.

図73でわかるように,着色物体を赤(R),緑(G),青(B)の三色フィルターを通して,黒白フィルムを使って色分解撮影をすれば,色分解ネガ N_r, N_g, N_b が得られる. N_r は被写体の反射光のうち赤色光を記録したものであり,同様に N_g, N_b は緑色光,青色光を記録したものである.ネガの濃淡は上記三色光の強弱を表すことになる.次に色分解ネガを黒白フィルムに焼付ければ色分解ポジ P_r, P_g, P_b が得られる.図の P_r を例として説明すれば,下の2/3に相当する黒い部分は光を通さない高濃度部分で,上の1/3は濃淡を表す部分である.この濃淡は赤色光の強弱と対応する. P_r を赤フィルターをレンズ前に付けたスライドプロジェクターでスクリーン上に投映すると,被写体の赤い部分だけが再現される.同様に, P_g, P_b をそれぞれ緑・青フィルターを付けたプロジェクターで投影して P_r の撮影像と重ね合わせると,被写体のすべての色が

8 カラー写真

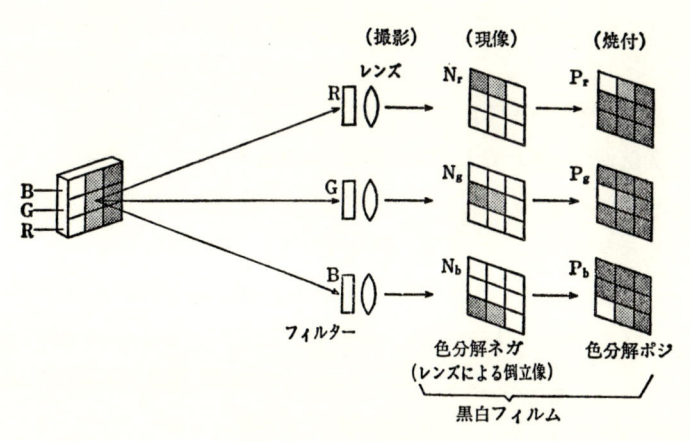

図 73 三色分解撮影

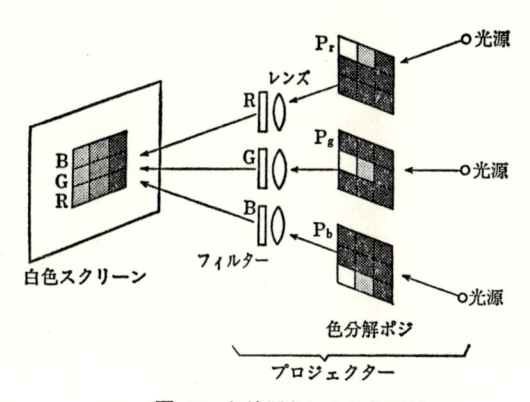

図 74 加法混色による色再現

スクリーン上に再現される（図74）．

　以上が加法混色カラー写真の原理である．実用的には，R, G, B の三色フィルターを微小面積にして黒白感光材料の感光面にばらまいて固着させ，一回の露光で三色分解撮影ができるスクリーンプレート方式などが用いられた．

　また，現在のテレビジョンカメラで実用されているような光学系による三色分解方式をとり入れたカメラ（one-shot camera）も，前世紀末から今世紀の初

めにかけて実用された．

8.2. 減法混色カラー写真

加法混色カラー写真では，再現された画像はスクリーン上に投影されて観察された．また，スクリーンプレート方式の場合は透過光で観察された．

白色の紙の上にカラー写真をつくり，反射光で観察するためには減法混色を用いなければならない．加法混色方式では，たとえば色分解ポジ P_r の濃淡は赤色光の強弱を調節する働きをした．もし，白色の紙から反射する光のうち，赤色光の強弱を調節できる着色画像があれば，その画像を白色の紙の上に形成することにより，加法混色の P_r と同じ働きを期待することができる．

同様に，白色の紙の上にのせて，緑色光と青色光のそれぞれについて強弱を調節できる2種類の着色画像が得られれば P_g および P_b と同じ働きが期待できる．

このような3種の着色画像を白色の紙の上に形成すれば，反射光によるカラープリントができるであろうし，また透過光で観察するカラースライドもつくることができる．

図75は，P_r，P_g，P_g と同じ働きをする着色画像に用いられるシアン，マゼンタ，イエロー(すなわち，減法混色の三原色)と R, G, B の三色光の関係を分光的に表したものである．図からわかるように，C (シアン)，M (マゼンタ)，Y (イエロー) は，それぞれ R, G, B の領域に対してだけ光を吸収して濃度を与えることができるので，

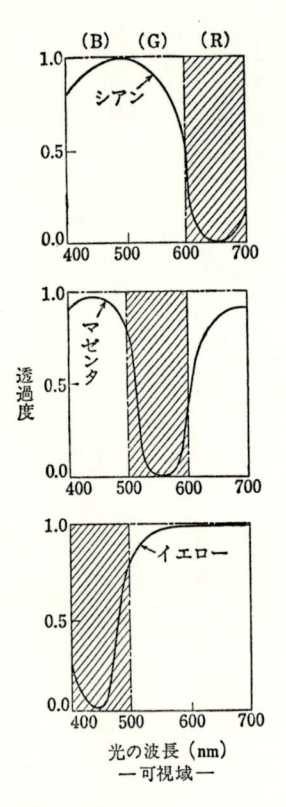

図 75　減法混色の三原色(シアン，マゼンタ，イエロー)と R, G, B の関係
網部分：光を透過しない部分
白部分：光を透過する部分
-・-・- ：理想的な色料
――― ：現実の色料の一例

図76のようにC, M, Yの三着色画像を直接重ね合わせて白色光照明下で観察すればカラー写真が得られる.

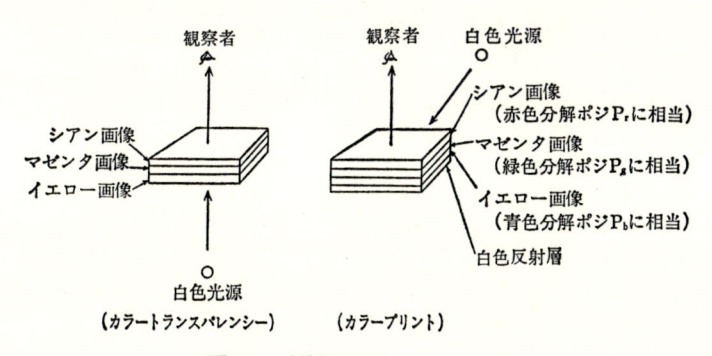

図 76 減法混色によるカラー写真

現在のカラープリント，カラースライド，カラー映画などは，すべて減法混色カラー写真である.

8.3. 発色現像

減法混色カラー写真が現在のように広く用いられる基礎となったのは，発色現像方法の発見である.

カラー写真をつくる最も手近な方法は，カラーフィルムやカラーペーパーを現像してシアン，マゼンタ，イエローの着色画像を形成することである. 黒白フィルムでは，現像によって画像を形成する銀粒子がフィルム上にできる. このとき，現像剤は酸化される. 発色現像とは，この酸化した現像剤と化学的に結合して色素を形成する物質を用いて，現像過程で着色画像をつくる処理である. 一般に，現像剤酸化物と結合して色素となる物質をカプラー(coupler)とよんでいる. 発色現像は1912年フィシャー(R. Fisher)によって実用的な方法が見出された.

発色現像のプロセスを簡略に示すと次のように表すことができる.

感光したハロゲン銀 ＋ 現像剤 ⟶ 現像剤酸化物 ＋ 銀

$$\boxed{現像剤酸化物} + \boxed{カプラー} \longrightarrow \boxed{色素}$$

したがって，カプラーにはシアン，マゼンタ，イエローの各色素を形成するための3種類が必要である．

発色現像の最も基本的なものは

〔シアン・カプラー〕

アルファナフトール

〔現像剤〕

$H_2N-\langle\rangle-N(C_2H_5)_2$　ジエチルパラミン

〔色　素〕

などの化学物質が用いられ色素が生成される．

　現像によって生ずる銀は撮影光の強弱に対応するので，現像剤酸化物の量も光の強弱に対応し，したがって発色現像で生成される色素の量は撮影のときにフィルム面に入射した光の強弱に対応する．

　色素画像が形成されたのち，銀は不要なので除去される．この化学的な過程を脱銀あるいは漂白とよんでいる．

8.4. 実用されているカラー感光材料

(1) 外型カラーフィルム

　カプラーを現像液中に入れておき，赤，緑，青のそれぞれに感光する乳剤層を1枚のフィルムベースに塗布したフィルムを発色現像すれば，シアン，マゼ

ンタ，イエローの三色画像がフィルム上に形成される．

　カプラーを現像液中に入れておく場合を外型発色現像といい，これに使用するカラーフィルムを外型カラーフィルムという．この種のフィルムの最も基本的なタイプは Kodachrome で，1935年にコダック社から発売され現在も市販されている．図77には外型カラーフィルムの基本的な構造を示した．図からわかるように，三色感光乳剤層が超薄層で塗布されているので，多層式カラーフィルムとよんでいる．

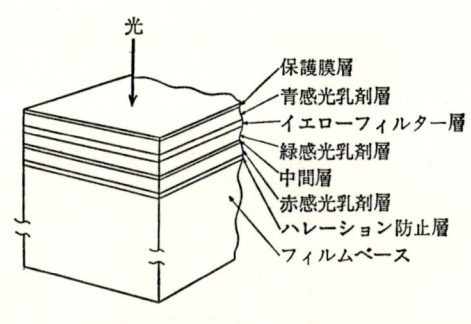

図77 カラーフィルムの多層構造

（光／保護膜層／青感光乳剤層／イエローフィルター層／緑感光乳剤層／中間層／赤感光乳剤層／ハレーション防止層／フィルムベース）

　外型カラーフィルムは，シアン，マゼンタ，イエローの三色画像をつくるために，各色の発色カプラーをそれぞれ別個の発色現像液に加えて，3回の発色現像処理をする．図78には外型カラーリバーサルフィルムの現像処理と色再現のプロセスを示した．この種のカラーフィルムは現像処理が煩雑だが乳剤層が薄いので，シャープな画像をつくることができる．また，色の保存性もよい．

（2） 内型カラー感光材料

　R, G, B の各感色乳剤層のなかに，赤感層にはシアンカプラー，緑感層にはマゼンタカプラー，青感層にはイエローカプラーをあらかじめ加えておけば，1回の発色現像で3色の発色画像を得ることができる．このようなカラーフィルムを内型カラーフィルムとよんでいる．しかし，この場合には各乳剤層中に加えたカプラーが他の層に移動して混合しないように工夫する必要がある．現在，ほとんどの内型カラーフィルムでは，カプラーをオイルに溶かし，このオイルを水中油滴型にして乳剤中に分散させている．この油滴はきわめて微粒子で，ちょうどミルク中に脂肪が分散しているのと同じである．

　内型カラーフィルムの典型的な構造を図79に示した．内型カラーフィルムは，カラースライドおよびカラーネガをつくるのに便利である．図80に示す

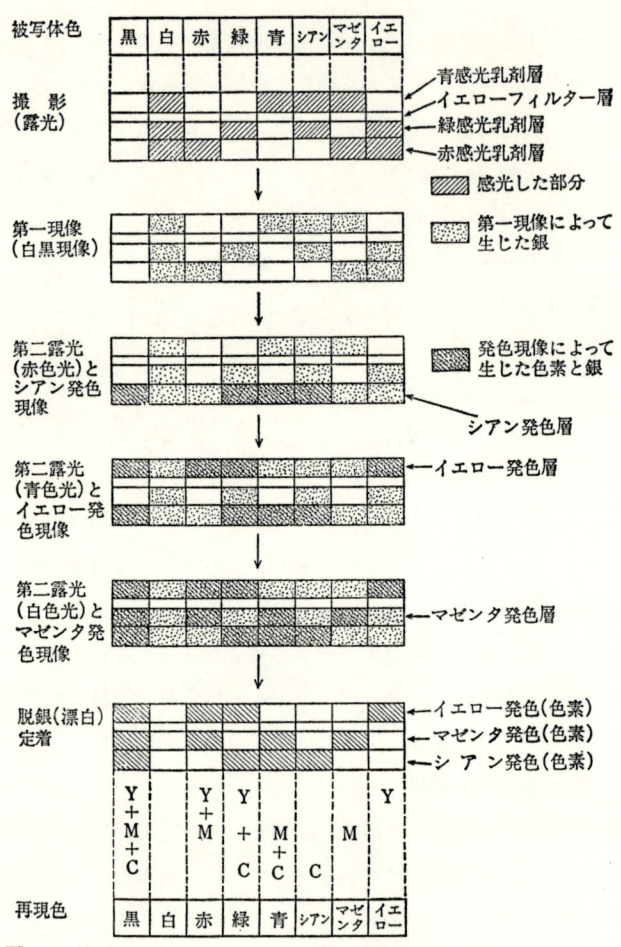

図 78 外型カラーリバーサルフィルムの処理と色再現のプロセス

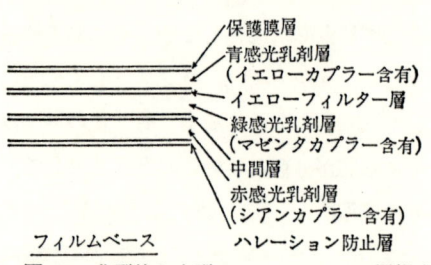

図 79 典型的な内型カラーフィルムの層構成

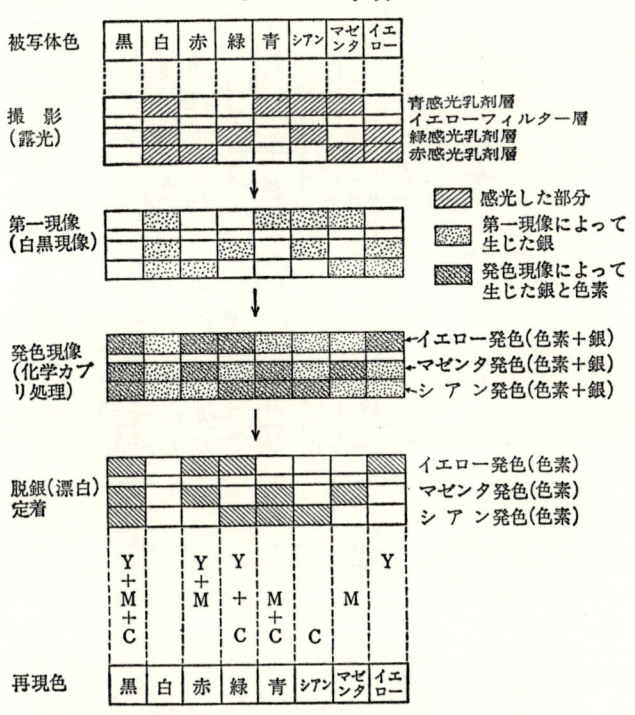

図 80 内型カラーリバーサルフィルムの処理と色再現

ように,初めに黒白現像を行い,そののち発色現像を行えばカラーリバーサルとなり,図81のように直接発色現像を行えばカラーネガが得られる.

カラーペーパーも内型カラー感光材料のひとつである.ただ,視覚的なシャープさを保つことを目的として,最上層にマゼンタ画像,次の層にシアン画像を配置してある.内型カラー感光材料は現在のカラー写真の主流であるが,省資源のため銀の使用が少なくても同じ発色濃度が得られるような低銀感光材料化,現像処理の迅速化,簡易化,色素の保存性の向上など多くの研究課題を抱えている.

(3) 銀色素漂白カラー感光材料

カラー感光材料の各乳剤層のなかにあらかじめ高濃度の色素を加えておき,現像によって生じた銀を触媒として色素を漂白すれば,感光面に入射した光の

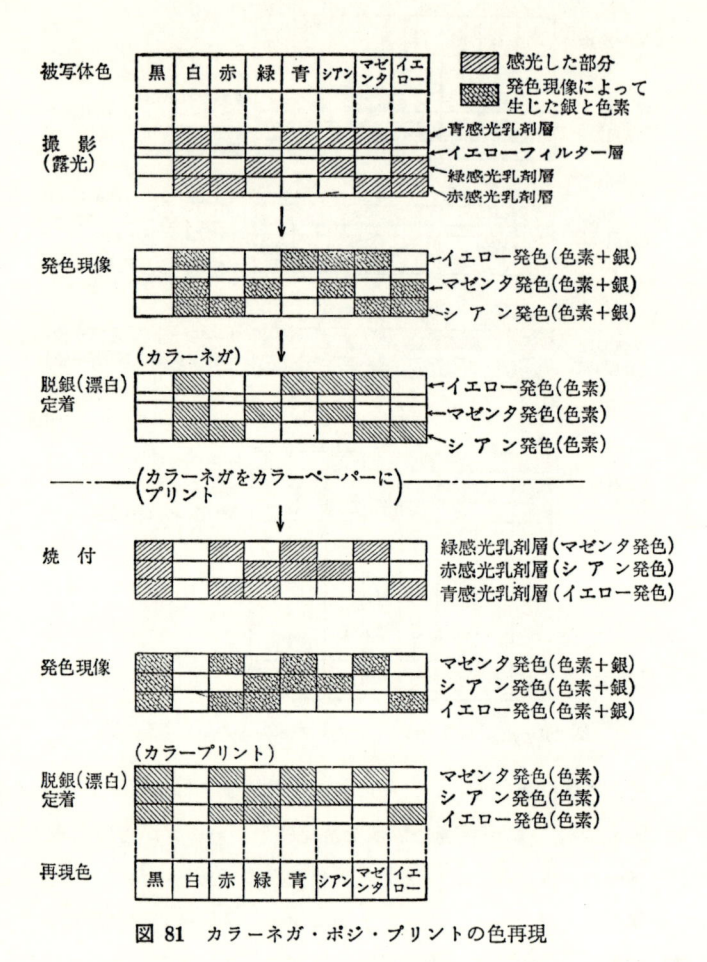

図 81 カラーネガ・ポジ・プリントの色再現

強度に対応して色素濃度を変化させ，色画像を形成することができる．このように，銀の濃度分布に従って色素を漂白し，色画像を形成するシステムを銀色素漂白方式という．

原理的には，

$$4\,Ag + \boxed{RN=NR'} + 4H^+ \longrightarrow 4\,Ag + \boxed{RNH_2 + R'NH_2}$$
　　　　　　　（色素）　　　　　　　　　　　　　（無色の生成物）

8 カラー写真

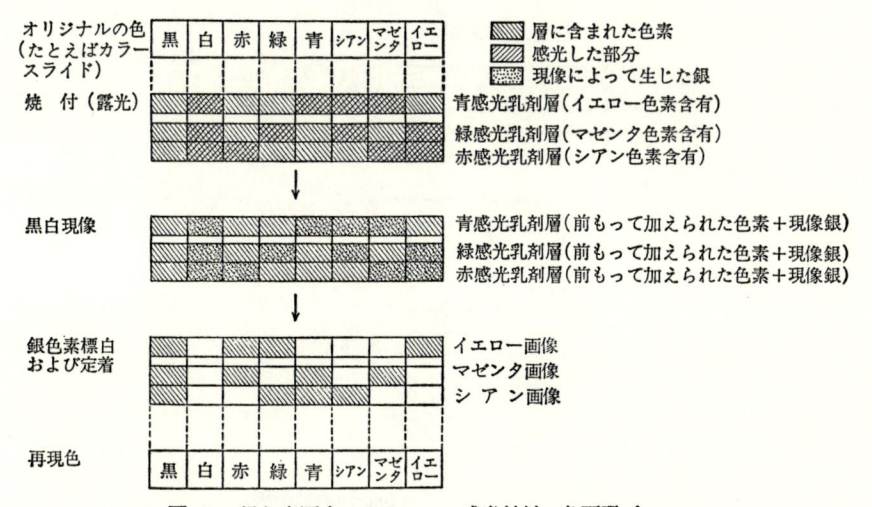

図82 銀色素漂白によるカラー感光材料の色再現プロセス

のように金属銀の存在下で色素を漂白するプロセスである．

触媒を有効に利用した実用的な感光材料に Cibachrome がある．

（4） 拡散転写カラー感光材料

現像処理を撮影後すぐカメラのなかで済ませてしまう In-Camera-Process のカラー感光材料が実用されている．Polacolor および Kodak Instant Print Film がそれである．ともに拡散転写方式に属する色画像形成方式を採用している．

Polacolor は 1963 年以来実用化された．原理的には，

$$\text{色素現像剤（移動性）} + 2\,\text{AgX（ハロゲン銀）} + 2\text{OH}^- \longrightarrow \text{酸化した色素現像剤（非移動性）} + 2\text{Ag} + 2\text{H}_2\text{O} + 2\text{X}^-$$

のように，感光したハロゲン銀を現像すると色素現像剤（色素が化学的に結合している現像剤：Dye developer）が非移動性となってポジ形成層に転写されなくなる．未感光部では色素現像剤が受像層まで移動して画像を形成する．図83には，ポラロイド SX-70 フィルムの構成を，また図84にはその色画像形成プ

露光および観察

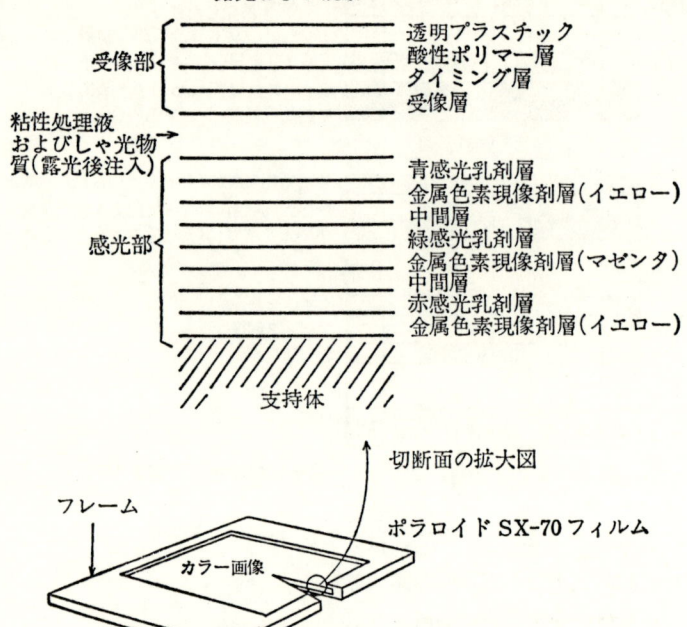

受像部
- 透明プラスチック
- 酸性ポリマー層
- タイミング層
- 受像層

粘性処理液およびしゃ光物質（露光後注入）→

感光部
- 青感光乳剤層
- 金属色素現像剤層（イエロー）
- 中間層
- 緑感光乳剤層
- 金属色素現像剤層（マゼンタ）
- 中間層
- 赤感光乳剤層
- 金属色素現像剤層（イエロー）

支持体

フレーム
カラー画像
切断面の拡大図
ポラロイド SX-70 フィルム

図 83　拡散転写カラー写真の例（ポラロイド SX-70）

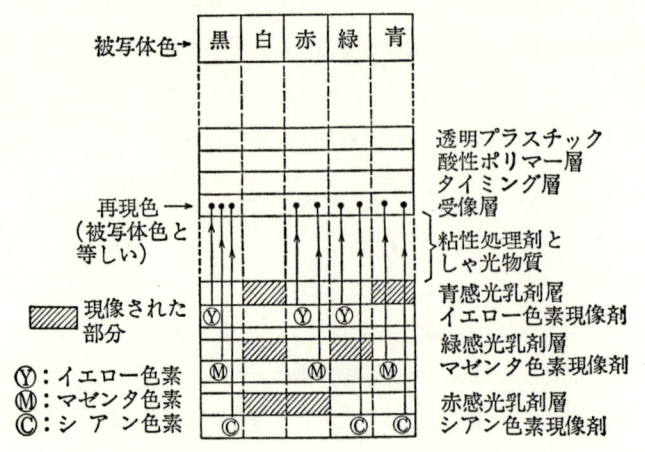

被写体色→ 黒　白　赤　緑　青

透明プラスチック
酸性ポリマー層
タイミング層
受像層

再現色→
（被写体色と等しい）

粘性処理剤としゃ光物質

現像された部分

青感光乳剤層
イエロー色素現像剤
緑感光乳剤層
マゼンタ色素現像剤
赤感光乳剤層
シアン色素現像剤

Ⓨ：イエロー色素
Ⓜ：マゼンタ色素
Ⓒ：シアン色素

図 84　ポラライド SX-70 フィルムの色再現プロセス

ロセスを一例として示した．

色素現像剤には

$$\underset{\underset{OH}{\underset{|}{\bigcirc}}}{\overset{OH}{\overset{|}{}}}-Z-Dye$$

のような物質が用いられ，酸化して

$$\underset{\underset{O}{\underset{\|}{\bigcirc}}}{\overset{O}{\overset{\|}{}}}-Z-Dye$$

のようになり非移動性となる．

Polacolor には，図で示した SX-70 方式と，転写層を分離して感光層から引きはがす方式とがある．前者では，露光を与えた面から画像を観察するので，左右を逆にした像として露光を与える必要がある．

Kodak Instant Print Film は 1975 年から実用されている．原理的には次の

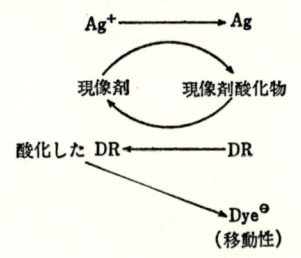

$$Ag^+ \longrightarrow Ag$$
$$現像剤 \quad 現像剤酸化物$$
$$酸化した DR \longleftarrow DR$$
$$\searrow Dye^{\ominus}$$
$$(移動性)$$

ように普通の黒白現像に使われるような現像剤によって現像を行うと，金属銀（Ag）を生ずるが，このとき現像剤は酸化される．酸化した現像剤は色素遊離物質(Dye releaser; DR)を酸化して元の型にもどり，一方，現像液中のアルカリの存在によって移動性の色素が遊離し受像層に色素画像が転写される．図 85, 86 に層構造，色再現プロセスを示した．

Polavision は，黒白の拡散転写感光材料に，微小な三色フィルターを組合せた 8mm ムービーシステムで，撮影後，専用の装置によって直ちにスクリーン上にカラー画像を再現するものである．色再現は加法混色によっているとこ

II 色の再現

```
                                    ↓観察
        ┌ ─────────── バッキング
        │ ─────────── エスターベース(支持体)
   受像部│ ─────────── 受像層
        │ ─────────── 不透明白色反射層
        └ ─────────── 黒色不透明層
        ┌ ─────────── シアン色素遊離物質を含む層
        │ ─────────── 赤感光乳剤層(反転乳剤)
        │ ─────────── 酸化した現像剤を清掃する層
   感光部│ ─────────── マゼンタ色素遊離物質を含む層
        │ ─────────── 緑感光乳剤層(反転乳剤)
        │ ─────────── 酸化した現像剤を清掃する層
        │ ─────────── イエロー色素遊離物質を含む層
        │ ─────────── 青感光乳剤層(反転乳剤)
        └ ─────────── 紫外線吸収フィルター
撮影後,現像
活性化剤を注→
入する位置
        ┌ ─────────── タイミング層
 カバーシート│ ─────────── 酸性層
        │ ─────────── エスターベース(支持体)
        └ ─────────── バッキング層
                                    ↑露光
```

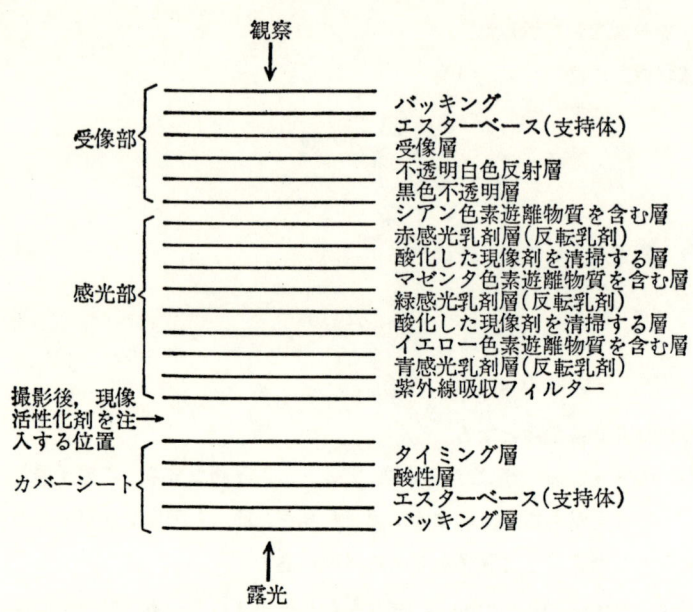

図 85 拡散転写カラー写真の例(コダックインスタントプリントフィルム)

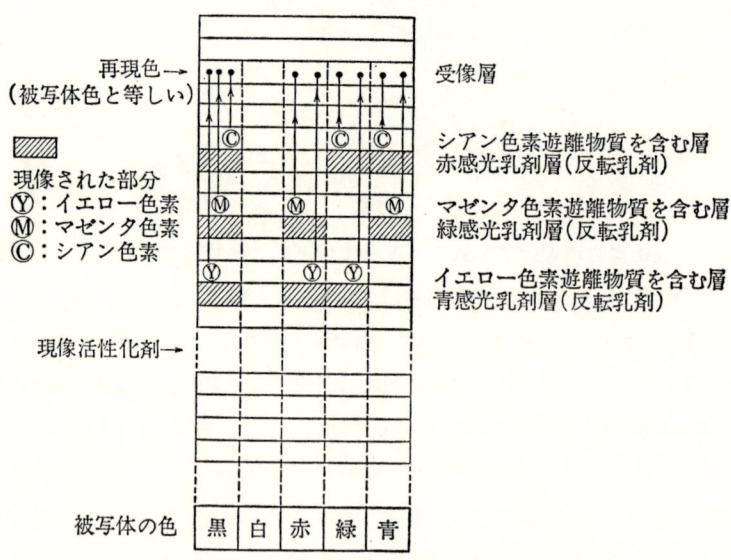

図 86 コダックインスタントプリントフィルムの色再現プロセス

ろ，および微小な赤，緑，青フィルターが配列される画面を構成しているところなど，カラーテレビジョンの色再現メカニズムに似ている．1977年から実用化された．

まとめ

　現在のカラー写真感光材料は，銀塩を感光物質として用い，有機化学物質を組合せたものである．色画像を構成するための化学的方法も非常に高度で，巧妙なメカニズムの組合せである．

　一方，光の干渉を応用したリップマン(G. Lippmann)方式など物理的手段にもとづいたカラー写真も古くから研究されている．波動光学的現象を応用するカラー写真は多くの利点があるが，特別な装置を必要とすること，画質が不十分な点，その他いくつかの問題があり実用化に至っていない．しかし，今後のカラー写真を考えると物理的方式も重要なものとなろう．

　カラー写真はどのような色再現をすればよいかという問題に関しては多くの研究があるが，被写体の色を正確に再現することは必ずしも良い効果を与えないことが知られている．カラー写真の色再現などを含めた画質評価には，物理学的側面および心理学的側面が重要なものとなっている．

　また，カラー感光材料の設計において視覚の物理・生理・心理に関する現象を応用して画質の向上をはかることが研究されている．さらに，カラー写真は宇宙工学，医学などをはじめ多くの科学研究分野で応用され，画像のコンピューター処理によって多くの情報を提供し，学問の進歩に貢献している．

　カラー写真の進歩改良に関する今後の方向は，化学，物理学，生理光学，心理学など多くの学問分野を総合した研究を基盤とするものとなろう．

[久保　走一]

9 カラーテレビジョン

9.1. テレビジョンの原理
（1） システム

　テレビジョン(Tele-Vision, 遠くを視る．TV と略す)は，動く場面を撮像し，これを伝送，再現するために人間の眼の残像性(§1.7 で述べられた時間的加重)を利用して少しずつ違った場面を順次映像として写し出し，映像があたかも連続して動いているように見せかけたものである．標準の映画では1秒間に 24 コマの速さで断続的に画面をつくり出しているが，TV では1秒間に 30 枚の映像を取出しており，さらに映像を微小部分(これを画素という)に分解して，画素を順次送り出し，これを受像した後，速やかに画像に組立て，連続した場面を再現している．

　図87 はそのシステムを図示したもので，被写体をレンズによって撮像管の光電面上に投影し，これを電荷像に変える．この像は左右上下に動く電子ビームによって電気信号として取出す(これを走査という)．この電気(映像)信号は高い周波数に乗せられ(変調という)，アンテナから電波として放射される．また音声信号はマイクより取入れられ，映像信号と共用の空中線から放射される．この信号が映像信号と互いに干渉しないようにダイプレクサが用いられる．

　受信側においては映像，音声信号とも同じ空中線で受け，チューナによってチャネルを選択し，これを映像信号に変換して受像管に加えられ電子ビームの量を変化させる．この電子ビームは，映像信号のなかから同期分離器によって分離された同期信号によって撮像管の電子ビームと同期をとりながら動き，蛍

9 カラーテレビジョン

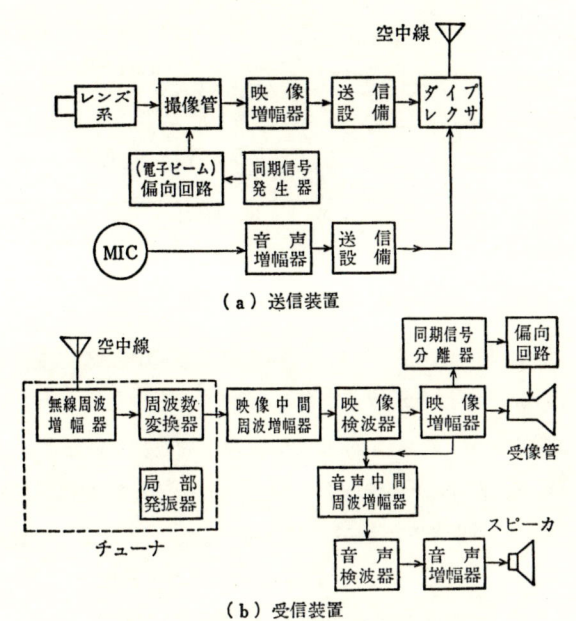

図 87 テレビジョン送受信装置の構成図

光面に当って，ここで電気エネルギーから光エネルギーに変わり，映像を再現する．この際の電子ビームの働きと映像の再現も走査という．同期信号が必要なのは撮像と受像において，電子ビームの当る点を画面上で対応させ，正しい像を再現するためである．また音声信号は映像信号のなかから分離し，さらに低周波に変換してスピーカに送られる．

(2) 走査

平面的な画像を画素に分解して時間的な電気信号としているので，順次送る手段すなわち走査が必要である．画面上を図88 (a) のように1から1′へ直線的に走査し，急速に2へもどし，再び22′へと走査するように，撮像管や受像管の偏向コイルに電流を流す．このようにして画面全体を走査し終る周期をフレーム周期という．映像信号が入らなくても受像管は走査線が一様な明るさで全体に輝いている．この面をラスタという．放送テレビにおいては，走査線を1本おきに飛び越して奇数番目だけ第1回の走査(1, 2, 3, …)をし，次に残り

(a) 走査の方法　(b) 飛越し走査

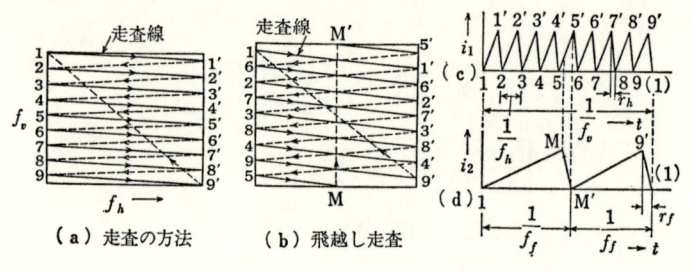

図 88　電子ビームによる走査

の偶数番目に第2回の走査(6, 7, 8, …)をして1枚の画像の走査すなわちフレーム走査を終わる．これを飛越し走査という．また，このそれぞれの走査をフィールド走査という．なお，f_f はフィールド周波数といわれ，その1/2すなわちフレーム周波数 f_v が毎秒像数と同じになる．図88では説明を簡単にするため走査線数 n を9とおいたが，第1回のフィールド走査の最後の走査線 5-M に相当するものが生じるためには n は奇数でなければならない．実際の放送 TV においては $n=525$ 本が採用され，毎秒像数は30枚に決められている．

(3) 映像信号

撮像管に写された映像を電子ビームで走査すると，画素の輝度に応じた電気信号を生じる．この信号が映像信号である．いま映像信号の最高周波数を求めてみよう．図89(a)において走査線の幅を一辺とするような白黒の正方形より成る市松模様を考える．これは光の変化で表すと (b) のようになる．幅のある電子ビームでこの上を走査して得られる映像信号は (c) のようにかどがなくなり，正弦波に近い波形となる．この波の時間変化が最高周波数である．f_{max} は

$$f_{max} = \frac{1}{2} K n^2 f_p \frac{b}{h} \frac{1-\beta}{1-\alpha} \quad (1)$$

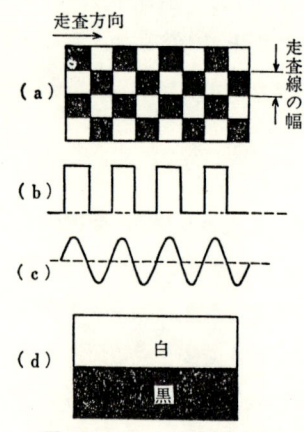

図 89　パターンと周波数

ただし n: 走査線数，b/h: 縦横比，f_p: 毎秒像数，α: 水平帰線率，β: 垂直

帰線率，$K=0.7$.

f_{max} は $n=525$ 本，$b/h=4/3$，$f_p=30$，$\alpha=0.17$，$\beta=0.05$ のとき 4.2MHz になる．一方，最低周波数は図 89 (d) のように半分が白で半分が黒という画面でフィールド周波数の 60Hz に等しい．

(4) 同 期

TV の送像では，映像信号だけでなく，帰線消去信号や同期信号もこれに加えて送り出している．図 90 はこれらの信号の挿入を示したもので，(a) で示す映像信号の水平，垂直の帰線期間(図 88 の点線 1'2 のようにもどる期間)に (b) で示すようなパルスを入れる．これが帰線消去信号である．図(c)にはこの合成波形を示す．パルスの底はペデスタルといい黒レベルに一致させる．しかし，このような波形を受信すると，水平走査の帰線期間および垂直走査の帰線期間内の走査線はとくに対策を施さないと画面に現れ，目ざわりになる．そこでこの期間には輝線を消去する信号をつくり，ブラウン管の入力（グリッド）に加えている．さらに，送られてきた映像を正しく再現するために同期が必要であるので，水平走査ならびに垂直走査を始める前にそれぞれ水平同期信号，垂直同期信号を加える．図 (d) は水平同期信号で，これを挿入すると (e) のようになる．垂直同期信号は飛越し走査を行わせるために多少厄介であるが，同様にして挿入している．これらの信号の合成された波形をテレビジョン信号といっている．

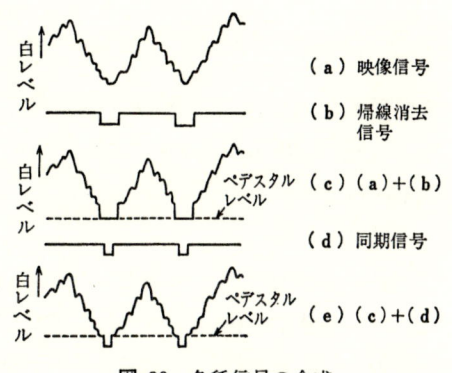

(a) 映像信号
(b) 帰線消去信号
(c) (a)+(b)
(d) 同期信号
(e) (c)+(d)

図 90　各種信号の合成

(5) テレビジョン電波

映像信号は直流分から 4MHz 程度までの広い周波数分を含んでいるから，このような広帯域の信号を直接伝送すると一般に画像の質を低下させる．そこで VHF 帯や UHF 帯の電波が使われる．4MHz までの周波数成分を振幅変調

(信号に応じ振幅を変える．AM)すると 8MHz という広い帯域になるので，ここでは一方の側帯波をわずか残した残留側波帯(VSB)変調を用いる．図91はこれを示す．この方式では映像搬送波に対し非対称になっていることがわかる．音声信号は映像搬送波より 4.5MHz 高い別の音声搬送波を用いる．変調方式は周波数変調(FM)で，これを同じ空中線から発射する．

わが国の TV チャネルには VHF 帯の 1～12 チャネルと UHF 帯の 33～62 チャネ

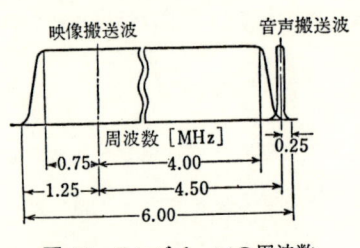

図 91 テレビジョンの周波数帯域

ルが割当てられている．VHF は回折波によって陰の部分においても受信できる．一方，UHF は受信アンテナを小型にでき，回折波が少ないため良好な画質が得られる．

(6) 受　像

TV 受像機は動作上次の各部分に大別できる．

(i) 映像音声受像部　これは TV 電波を受信して，映像ならびに音声信号を得る部分で，このうち無線周波を中間周波に変換する部分を一般にチューナとよんでいる．

(ii) 映像再現部　これは同期信号によって水平，垂直偏向出力をつくり，入力の映像信号から受像管に映像を再現する部分で，TV 受像機の中心をなすものである．

(iii) 音声再現部　これは音声信号を復調してスピーカを動作させる部分である．

(iv) 電源部　これは受像機の回路部品に電圧を供給する部と受像管の陽極電圧を供給する部に分けられる．とくに後者は数万ボルトを必要とするため特殊な法が用いられている．これらの各部は図92に示すような各回路によって構成される．

TV 受像機では，映像信号と音声信号を同時に受信しなければならない．一般にスーパヘテロダイン方式が用いられ，受信した電波は高周波増幅した後，

9 カラーテレビジョン

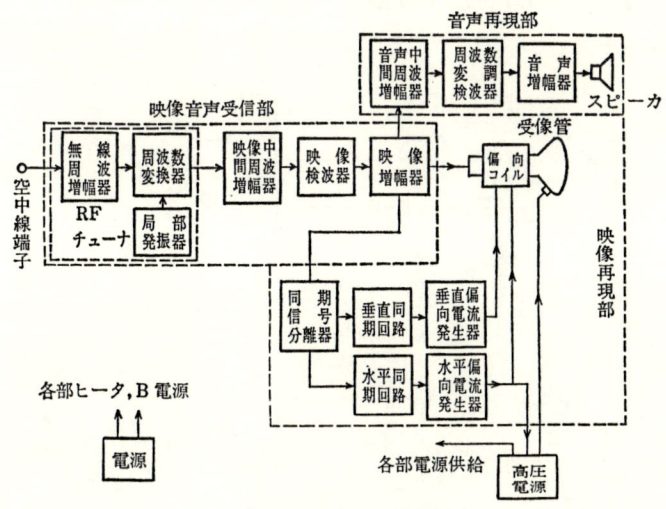

図 92 受像機の構成図

周波数変換器によって，22〜27，または 54〜59 MHz の中間周波数に変換し，これを増幅した後に映像検波を行う．この際，映像検波後に映像信号と音声信号を分離するインタキャリア方式が用いられている．

また，この受像機へ信号を取入れる受信アンテナは，信号と雑音や不要電波との干渉をできるだけ軽減するように目的方向の電波の受かる指向性をもつものが使用されている．アンテナと受像機を結ぶ給電線(フィーダ)は図 93 (a) のような平行二線式で，特性インピーダンス 300 オームのものや，(b) のような同軸式で特性インピーダンス 75 オームのものが用いられる．したがって，空中線の給電点もそれぞれ 300 オームや 75 オームの給電線に整合するように接続する．

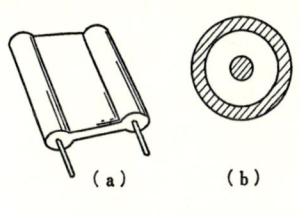

図 93 給電線

(7) カラーテレビジョン

明暗だけによる白黒 TV に対し，カラー TV は被写体を赤，緑，青の三原色に分解して撮像，伝送し，受像側でこれを組立てて天然色の映像を得る方式

である．これを具体化すると図94（a）のように3組の送像および受像装置を用いる同時方式と，（b）のように各映像を時間的に切り換えて眼の残像を利用

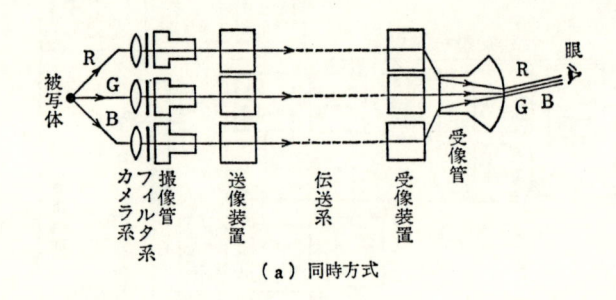

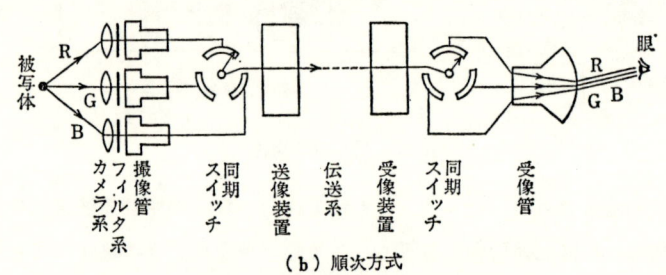

（a）同時方式

（b）順次方式
図94 三原色信号の伝送方式

して一つに重ね合わす順次方式とがある．現在，被写体の色に応じた電気信号を直接つくることはできないので，撮像管に色フィルタを付けて，赤(R)，緑(G)，青(B)の色として映像をつくり，その輝度に応じた電気信号を得ている．もし，R, G, Bの信号が順次取出せるなら，順次方式ではこのような方法が利用できる．同時方式は，3個の撮像管からのR, G, Bの信号を周波数分割などの多重化によって合成して伝送し，受像機ではこれをもとのR, G, Bに分け，画面で合成してこれを見る．すなわち，R, G, Bの蛍光体のドットを塗布したブラウン管に3個の電子銃からのビームによってそれぞれの対応する色で発光させ，これらの3個の光の合成値を受視している．

(8) 各種のテレビジョン方式

TVは放送ばかりでなく，広く使用されている．

(i) 放送の方式　　わが国においては，米国で開発されたNTSC方式を

採用しているが，このほかに PAL 方式と SECAM 方式があり，いずれも NTSC 方式の改良形で，伝送中に生じる色ひずみを除去するため，色信号の伝送の仕方に工夫を加えている．前者は西ドイツで開発され，後者はフランスで開発され，主として欧州で実施されている．

(ii) **閉回路テレビジョン**　放送用 TV に対し閉回路 TV(CCTV) がある．放送用 TV は不特定多数の相手を対象にして信号を送りっぱなしであるのに対し，CCTV は産業用(ITV)，教育用，医学用などに使われ，出力側のモニタからカメラ側に，帰還作用を伴った画像伝送方式で，一般に有線が用いられる．

9.2. 光電変換

光と電気との変換を光電変換といい，TV では撮像管で写した像を伝えやすい電気信号に変え，任意の箇所に送り，ここで再びもとの像と相似の像として受像管の面上に再現する．

(1) カラーテレビジョンと混色

カラー TV は加法混色によっている．§1.2 と 4 章で述べられたように赤，緑，青の光を重ねると黄，マゼンタ(赤紫)，シアン(青緑)，白が得られる．さらに，それらの混色の比率によってさまざまの色をつくれる．実際の TV においては電子ビームのスポットは重なってはいないが，図 95 のように眼の解像度以内の角度 ω においてきわめて接近しているので三原色が同一点で混色しているのと同じ働きをする (§1.7 参照)．

図 96 は CIE 色度図で，その上にカラー TV では R, G, B の座標を次のように定めている．

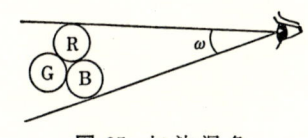

図 95　加法混色

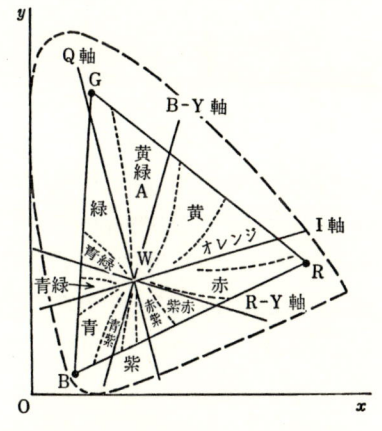

図 96　CIE 色度図上の色三角形

$$\left.\begin{array}{l}\text{R}: x=0.67, \quad y=0.33\\ \text{G}: x=0.21, \quad y=0.71\\ \text{B}: x=0.14, \quad y=0.08\end{array}\right\} \qquad (2)$$

この三角形内の任意の色はR, G, Bの加法混色によって再現できる.

(2) 色情報と電気信号

すでに述べたように,一画素について三原色R, G, Bの色情報に比例した電気信号をつくらねばならないが,そのために図94 (a) のように各カメラにフィルタを付けそれぞれの色に比例した像をつくり,この像に比例した電気信号を取出し,これを伝送して受像側に伝え,各受像管を光らし,これをレンズや反射鏡で合成して見ればよいが,このようにすると一つの色を伝える周波数帯域の3倍,すなわち12～13MHzが映像帯域に必要となるので,この帯域を節約するため,次のようにしている.

(i) 色情報の変換 R, G, Bの三原色の出力を適当に組合せて明るさを表す輝度信号とその映像の色相および彩度を表す色度信号に変換して,二つの信号を重ねて同時に伝送する.

(ii) 送像方式 輝度信号と色度信号という2種類の信号を両者が混じらないように同時に伝送するには特殊な工夫が必要である.

(iii) 受像 色相,彩度と輝度の情報に分けて送られてきた信号を合成し,受像管面に塗られたR, G, Bの蛍光体を受信信号の強度に応じて光らせ,被写体の色を再現する.

(3) 色情報の変換

図94に同時方式と順次方式を示したが,具体的には次のようにする.順次方式は色フィルタの付いた小窓をもつ回転円板によって撮像管の光入力を順次R, G, Bとしてその出力を取出すCBS方式がある.同時方式は周波数分割などの多重化によってR, G, B信号を合成して伝送し,受像後,元のR, G, B信号に分け画面で色合成して見る.たとえば,同一受像管内に3個の電子銃を入れ,それぞれに比例するビームによって各色の塗られた蛍光面を発光させる.

次にNTSC方式について述べよう.これはカラーTVの普及初期には白黒

受像機でもカラー放送が受かり，カラー受像機でも白黒放送が受かるというコンパチブル(両立性)な方式が望まれた．これを満たす方式として R, G, B を輝度信号と色度信号に変換する構想である．輝度信号は

$$E_Y = 0.30 E_R + 0.59 E_G + 0.11 E_B \tag{3}$$

ここに，E_R, E_G, E_B はそれぞれ R, G, B の電気的出力である．一方，色度信号は任意の色を図 96 に示すようにオレンジ-シアン(青緑)の色相を結ぶ I 軸とそれに白色の点 W で交わり直交する Q 軸に分け，それぞれに対応する I 信号，Q 信号という 2 個の電気信号を作る．その値を E_I, E_Q とすれば

$$E_I = 0.60 E_R - 0.28 E_G - 0.32 E_B$$
$$= 0.74(E_R - E_Y) - 0.27(E_B - E_Y) \tag{4}$$
$$E_Q = 0.21 E_R - 0.52 E_G + 0.31 E_B$$
$$= 0.48(E_R - E_Y) + 0.41(E_B - E_Y) \tag{5}$$

で，後述の視力の特性と伝送の都合上から E_I は 1.5 MHz, E_Q は 0.5 MHz までの帯域に制限してある．

(4) 送像方式

輝度信号 E_Y は色度信号 E_I, E_Q と多重化し，これに水平，垂直同期信号を加える．ここでこれらの信号が交わらないで取出せる方法として次のような特殊技術を用いる．

E_I と E_Q を図 97 のように位相が直角になるように変調する．すなわち，色同期信号を基準として

$$E_I \cos(\omega_c t + 33°), \quad E_Q \sin(\omega_c t + 33°) \tag{6}$$

ここで，$\omega_c = 2\pi f_c$, f_c は色副搬送波で 3.579545 MHz である．

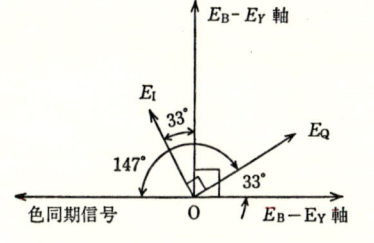

図 97 色度・色差信号と色同期信号の位相関係

かくして色映像信号は

$$E = E_Y + E_I \cos(\omega_c t + 33°) + E_Q \sin(\omega_c t + 33°) \tag{7}$$

に水平，垂直，色の各同期信号が加えられて合成映像信号となり，搬送波を変

図 98 色映像信号の帯域幅

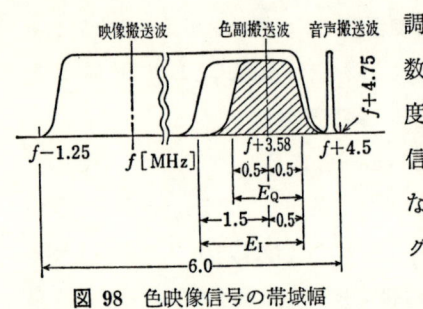

調して空中線から発射される.その周波数帯域を示すと図98になる.図では色度信号と輝度信号が重なっているが画像信号の特殊性を利用して混じらないような電気的手法である周波数インタリビング法を用いている.

(5) 受像

カラー TV 受像機は分離されて送られてきた色を合成するために白黒 TV 受像機より構造は複雑であるので,要求される特性はきびしい.輝度信号は色度信号より周波数帯域が広く,伝送時間が短くなるので,$0.7\mu s$ 程度遅れる遅延回路を通して色度信号と同時に受像管へ到達するようにする.色度信号は R, G, B 信号の混じったものであったが,これから輝度信号との色差信号 E_R-E_Y, E_G-E_Y, E_B-E_Y を取出し,これと E_Y との和を受像管に加えて,結局電子ビームには E_R, E_G, E_B に比例した値が加わるようにし,電光変換によって,三色蛍光体を光らせ像を再現するものである.

ここで受像機の色相(HUE)調節のつまみの部分にふれておこう.色信号は(4)で述べたように色同期信号と副搬送波との間では周波数ばかりでなく位相が合うよう同期がとられている.

受像機では,入力信号に含まれている色同期信号によって副搬送波をつくる発振器の位相を調節し,入力の色信号と位相が合うようにするので送像側と同じ色相の色が再現される.つまみによって,位相を少し進めたり遅らせたりすると,図96で W(白色)を中心として右回りまたは左回り回転し,色相が変わるので,これを視聴者各人の好みなどによる色の調節に用いている.

(6) テレビジョン方式の特徴

比較に映写機をとって方式の特徴を考えてみよう.というのは両者とも動いている被写体から画像を得るという共通点をもっているからである.

(i) 並列信号と直列信号 映写機は被写体の各点をレンズを通して同時にフィルム上の各点に投影している.すなわち,被写体の各点は時間的に遅れ

なく画像の各点に対応する．このような伝送は並列伝送といわれる．これに対しTVでは各画素は順次送り出されるので，直列伝送といわれる．したがって，前者より送る時間は当然長くかかる．ごく近距離で伝送時間が問題になる場合，たとえばコンピュータ入力などにおいては画素に分解することなく光学パターンをそのまま伝送することが考えられる．

(ii) **化学変化と物理変化**　フィルムを利用する写真は化学処理を施すのに対してTVのディスプレイは電界による発光を利用しているので，物理変化であり，同一ディスプレイ面による繰返し再生が可能である．このことからTVには即時性があるのに対してフィルムには現像処理による時間遅れを生じる．このようにCRT (cathode ray tube, ブラウン管)は瞬間像でありハードコピーができないのが欠点であり，同一面の差し換えや一部修正のできるのが長所となる．

(iii) **画像伝送**　画像をフィルムやテープに撮り，これを遠隔地でディスプレイするには従来実物を持ち運ばねばならなかったが，電気信号に代えられるので，いかなる地点へも伝送しうる．ここに，伝送の周波数帯域と解像度や分解能との関連が生じる．

一般用放送テレビは帯域が4MHzに押えられ，走査線数が525本のため解像度は自ら制約される．放送以外ではこの標準にこだわらず，走査線数を任意に選べるので，望ましい解像度に設定できる．ただし，式(1)に示すように帯域幅は走査線数の2乗に比例するので，$n=500$本に対し4MHz必要なら1000本に対し16MHzという広い帯域が必要になる．また，帯域を一定にすると毎秒像数を解像度の2乗に反比例して減じなければならない．たとえば，1000本にするには毎秒7.5フレームとしなければならない．

(iv) **尖鋭さ**　フィルム映写に比べ尖鋭さを示したのが図99で，像の尖鋭さは35ミリカラースライドフィルムが優れ，動画35ミリはTV 1100ラインとほぼ同じであることがわかる．このように走査線数を約2倍にすると，日頃取扱っている画像がこの辺に集中している(たとえば1ページの本や舞台など)ので，相当程度TV利用の需要がひらけるであろう．

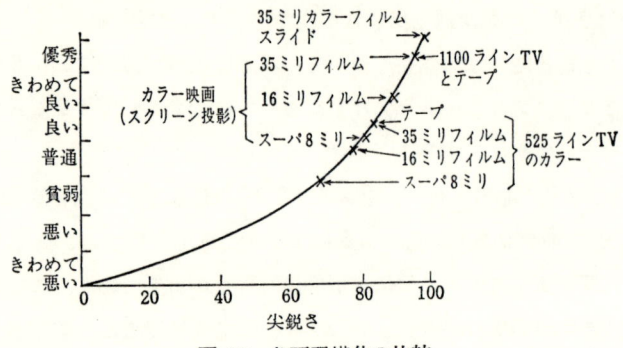

図 99 色再現媒体の比較

9.3. 視覚と色情報

　視覚によって明暗，物の形，色が判別できる．画像は視覚と装置とを結ぶインターフェースとして相互の特性をマッチング(整合)させねばならない．TV画像は写真などと異なり実在しているものではない．電子ビームを取去れば影も形も残さないものである．このような像は手にとってながめるわけにはいかず，ただ束の間の瞬間像を網膜から神経細胞を通して脳へ伝送し，これを認識しているのである．TV技術はいたるところでこれらの特質を巧みに利用している．

(1) 動きのある情報

　画像には絵画，写真，印刷やこれらを投影するフィルムがある．フィルムにはスライドなどの静止画用や8ミリなどの動画用のものがある．TVは動画であるので，静止画とは異なった多くの因子を伴う．たとえば，視力検査は普通一定の明るさ，距離においてランドルト環によるが，ドライバーや航空士などについては動体視力が必要であろう．すなわち，小さな画像が近づいて検知域に達すれば反応を示す動体視力計やそのレスポンスから人体の機能，ひいては人に最適な画像の動きやその反対に適格性の判定などが可能となる．また，画面の一点を視聴者の意思によって時間に関係なく注視することは不可能である．それは動画面は提供者によってプログラムされているからである．

さて，一部が明滅する画面について考えよう．明滅の速さは毎秒 10～15 サイクルが最も不快感を起こす範囲だが，これはこのサイクル付近で刺激が最も大きいからであろう．

(2) 明るさの時間レスポンス

TV 画面は毎秒 30 コマとしている．これは画面全体が一様に明滅したときにチラツキを感じさせない速さである．さて，CRT は電子ビームを蛍光面に当ててその明るさを見ているが，ビームが当って光り始めるには多少の時間を要する．また，電子ビームを切ると明るさは急激に減少するが，しばらくは光り続ける．これを残像という．画面の場合には下端を走査している間に上端の画像の残像を見ている．そこで画面の上下にわたるチラツキが生じる．これを防ぐため飛越し走査を行っている．一方，網膜の感度は明るさに順応する性質がある．暗い所に入って感度が高くなるのが暗順応，明るい所に出て感度が低くなるのが明順応である(§1.7 参照)．順応にはそれぞれある程度の時間がかかる．したがって，画面内の急激な明るさや色の変化は好ましくない．

(3) 対比現象

時間特性に対して空間特性が考えられる．受像機の CRT 蛍光面を観察すると黄緑色の蛍光塗布面の色は，おかれている室の明るさに応じて特有の明るさと色をしている．スイッチを入れると人物像が現れ，黒々とした頭髪が見えたりする．スイッチを入れる前より光の量が減少するはずがないのに，スイッチを入れるまである程度の明るさに見えていた画面の部分がかえって黒くなるのはなぜだろう．それはスイッチを入れるまでは一様であった画面の一部が明るくなり，その明るい部分に囲まれた部分(たとえば頭髪)が対比によって反対に暗くなって感じられるからである(§1.7 参照)．

この対比現象に似た生理現象としてマッハ(Mach)現象がある．これはある位置に急激な輝度勾配があると実際の変化より強調された明るい部分と暗い部分が視覚的に生じる現象である．このような現象を逆に利用し輪郭のぼけた画像の場合,輪郭信号を重ねることによって画像を明瞭に再現するのに使われる．

（4） 色についての視力

白黒の画像について視力検査を行っているが，同様に赤紙に青字で書いて視力検査を行うこともできる．これが色差視力であって，種々の色の組合せについて色差視力を計ると白黒に比べていずれも視力は劣っている．

（5） ドットの大きさと色

人の眼には色彩のある小さい物や画面の一小点を注目したときに通常の色から偏って感じる傾向がある（§1.7で述べられた微小領域第三色盲）．すなわち，図96のI軸に近寄ってくる．このI軸に沿う周辺の色は比較的敏感に感じ，色の区別がつきやすいが，Q軸方向には鈍感で，小さくなると色の区別ができなくなる．さらに対象が非常に小さくなると，I軸上の色の区別もできなくなり，ただ明暗を感じるくらいになる．

そこでNTSC方式では所要の帯域内に映像信号を制限するために，上に述べた視覚作用を利用してQ軸方向の点に対する帯域を圧縮している．すなわち

① 比較的大きな面積を占める映像を再現する場合には，輝度，色相，彩度のすべての情報が必要であるので，輝度信号と色度信号を忠実に伝送する．

② 比較的小さな面積の映像については，輝度信号とI軸に沿う色相およびその彩度の情報で十分であるから，輝度信号とI軸の色度信号を伝送する．

③ さらに非常に小さい面積の映像は輝度信号だけを伝送する．

以上の考えからE_Iを1.5MHz，E_Qを0.5MHzとしてあるので，0.5MHz以下の周波数で再現できる画像が①であり，1.5MHz以下で②，それ以上の周波数を要求するものが③となる．

（6） 明るさと色

光源からの光量が減じると色を感じなくなり，明暗だけになる（§1.7参照）．要は色を感じさせるにはそれ相応の光量が必要で，暗くなったり小さくなるに従い，光量が不足するため刺激に対する感じ方が弱まり，ついには色なしの明暗としてしか感じなくなる．

(7) 色に対する視覚の感じ方

　色の明るさを感ずる割合は緑が最も高く，青が最も低い(§1.7参照)．赤,緑,青の感じる比は 0.30 対 0.59 対 0.11 となる．この割合で色を混ぜると白色となる．このことから輝度信号はすでに述べたように (3) 式で与えられる．

　以上を要約するとカラー TV は場面を電気信号に変換し，遠隔地に即時に再現できるもので，他の色再現法に比べ種々の特質があることを学んだ．方法としては光を光導電物質や蛍光物質を介して電気と変換し，また走査線によって画像を描いた．画質は電波の制約から良質とはいえない一定の解像度におさえられている，等であろう．ともあれ，身近にあって情報の過半を受持っており，さらに今後リクエストタイプ等の多目的カラー TV が急速に開発されようとしている．　　　　　　　　　　　　　　　　　　　　　［小郷　寛］

III　生活環境と色

10　植物の色

I　植物の色と生活環境

10.I.1.　生命力のある色

　植物の色は自然色といわれ，人工色または物体色とは異なる．根本的な差は植物の色は生命力をもっている点であり，しかも人間のつくりだすことのできない微妙な変化をもつ色であるといえる．

　植物の色をよくみれば，同じ緑色といっても植物の種類はもちろん，一本一本の植物，一枚一枚の葉によって，さらにその時その時の光条件によって細かいニュアンスの差がみられ，変化はつきない．これは植物が'生命力のある色'をもっているからであろう．葉ばかりでなく花，果実，枝，茎などもさまざまな'生きた色'をもっている．

10.I.2.　植物の色名

　植物の色からとられた色名は多くある．このことは植物がわれわれの生活と密接であることを示している．よく使われる実例をあげてみよう．

　あかね色（以下'色'は省略）　　　オーキッド，オーキッド・ピンク，オー
　あずき，小豆紅　　　　　　　　　キッド・パープル
　アプリコット　　　　　　　　　　オリーブ
　あんず，杏，杏黄，杏オレンジ，杏橙　　オレンジ，オレンジ黄，オレンジ朱
　いちご，いちご赤　　　　　　　　かき，柿朱，柿樺

カトレア，カトレア・ピンク
ききょう
くり，栗茶
くれない
さくら，桜桃，桜紅
さくらんぼ
シクラメン
すほう
すみれ，すみれ紫
ゼラニウム，ゼラニウム赤
だいだい
チェリー，チェリー・ピンク
茶，紅茶，茶褐
トマト，トマト・レッド
バイオレット
ばら，ばら桃

ふじ，藤紫，藤青，藤桃
プリムローズ
ぶどう
べに
ぼたん，牡丹桃
マホガニー
みかん
メロン，メロン・ピンク
もも，桃桜，桃紅
やまぶき
ライラック，ライラック・ラベンダー，ライラック・ピンク，ライラック・ローズ・ラベンダー，ラベンダー・ブルー
レモン，レモン・イエロー，レモン黄
ローズ，ローズ・ピンク，ローズ・レッド，若竹，若草，もえぎ　など

10.I.3. 植物の色の表し方

普通は§10.I.2で述べたような植物の色名や，黄，赤，紫，青，緑，白などの一般名を使えば十分であり，これらに形容詞，こい，うすい，濃，淡，明，暗などをつけて表せばまにあう．

しかし，これらの表現は肉眼判定によるために主観的になり，男女，老若，経験の差，国の差など個人個人によって色名が変わってくるので，より厳密に色を表す場合には不便である．

そこで，客観的に色を表すために色名帳，カラーチャート，色標準などとよばれる色標準帳が工夫されていて，これに植物の色を合わせて表現する方法がある．園芸の分野では英国王立園芸協会編の「R.H.S.カラーチャート」があり，植物の色を中心につくられている．したがって，620色で多くはないが，ほとんどの植物の色を表すには十分であろう．その他，多くの色名帳が発表されてはいるが現在のところ植物の色の表現には最も便利である．葉の色専用に，富士平工業から「Standard Leaf Color Charts」が販売されている（木内・矢沢編）．これは細かい葉色の変化の記載には都合がよい．

10.I.4. 植物の発色の機構

 園芸家は葉の色,つやを見て水や肥料を与えたり,また農家の人たちは稲の葉の色を見て追肥の時期や肥料の効果を判断したりする.このように植物への水分,肥料,日射などの環境状態はすべて葉の色に現れてくるので,葉の色すなわち分光反射はその生育状態を知るうえできわめて重要な要素となっている.また,観賞植物では葉色の美しさが観賞価値として問題になる.

 図100は葉の断面の顕微鏡的構造を示したもので,表面ならびに裏面には内部を保護する表皮細胞が,中心部から表面にかけては細長い形で大きさ$15\mu m \times 15\mu m \times 60\mu m$のパレンキマ細胞(parenchyma)が密に,裏面にかけては丸い小型の$15\mu m \times 15\mu m \times 20\mu m$の細胞がややあらく,ところどころに空隙をおいて配列されている.パレンキマ細胞の壁面にはクロロフィル色素を含んだ葉緑体がある.またこの細胞の形状,大きさ,分布の状況は植生の種類および環境によって異なる.葉に入射した光は細胞面で何回も繰返し反射され,透過され拡散して葉の上面から射出される.この過程で光はクロロフィルに吸収されて葉の色が生ずることになる.したがって,葉の色はクロロフィルなどの色素の量,細胞の形状などにより種々に変化する.また,葉の裏面の反射は細胞の分布な

図 100 葉の顕微鏡的構造
(Breece ら, 1971)

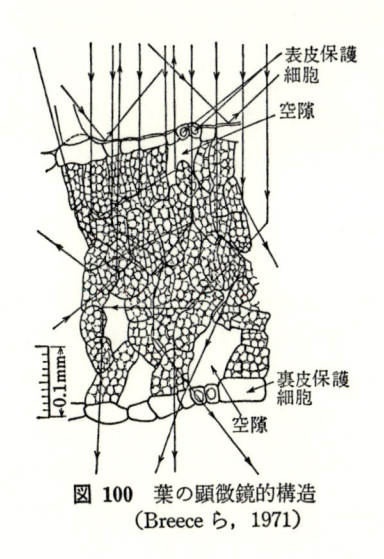

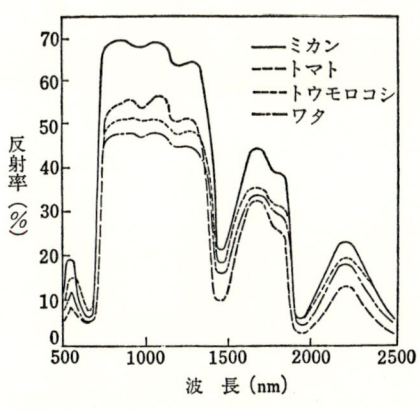

図 101 ミカン,トマト,トウモロコシ,ワタの葉の分光反射率(Gates ら, 1965)

らびに表面の構造の差により葉の表面と異なっている．

10.I.5. 植物の葉の分光反射率

図101はミカン，トマト，トウモロコシおよびワタの緑の葉を，1枚ずつとってきて実験室で測定した分光反射曲線である．いずれも550nm付近に極大値をもっていて緑色に見える．680nm付近の吸収は葉緑体に含まれるクロロフィルによるものである．葉からの反射の特徴のひとつは700～1400および1500～1900nmの近赤外線部に大きい反射をもっていることで，一般の鉱物，染料などの無機物にはみられない点である．

1週間ほどの短期間に葉の反射が大きく変化する一例として，図102に新緑のころ，発育初期のホワイト・オークの変化を示す．この例では新芽のときは（4月17日）わずかにクロロフィルの吸収が見られるが，全体として黄味を帯びた緑である．数日たつと（4月22日）クロロフィルの吸収が増加し，550nmの反射も増加して緑色となる．5月5日には吸収が最大となり，緑がより明るくなる．その後550nmの反射がやや低下し，暗い緑となり，一定となる．一方，近赤外部の反射は新芽のときやや大きい値をとる以外はほぼ一定である．図103は同様にホワイト・オークの葉の季節による変化を示したもので，5月

図102 ホワイト・オークの葉の分光反射率（成長期）(Breeceら, 1971)

図103 ホワイト・オークの葉の分光反射率（季節変化）(Breeceら, 1971)

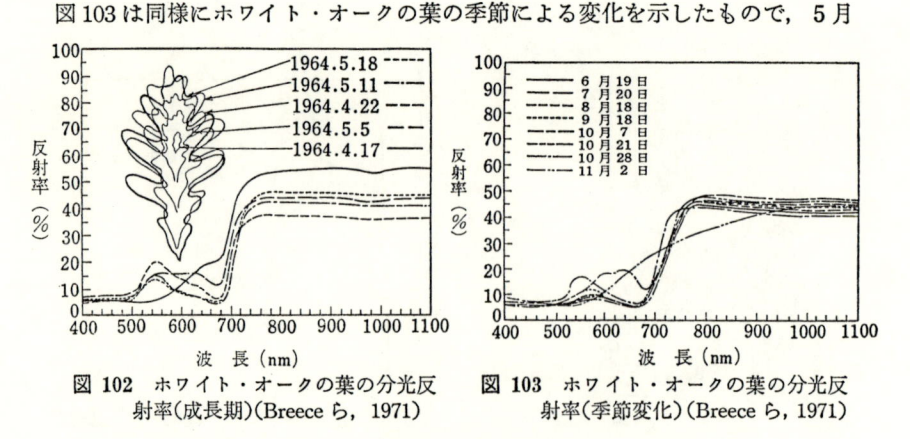

から10月まで可視部，ならびに近赤外部の反射はほとんど変化しない．しかし，10月の落葉時にはクロロフィルの吸収が減少し，550nmの最大反射部がやや

10 植物の色

長波長側に移動し，黄味がかった色となり，ついにはクロロフィルの吸収が全くなくなり，黄色となって落葉する．

一般に植生にあっては近赤外部の吸収はほとんどなく，入射した光の約50%が葉を通過する．そこで葉を重ねて反射率を測定すると，透過した光が下層の葉で再び反射され，全体の反射率はかえって増加する．図104は同一の葉を重ねたときの反射率の変化を示したもので，可視部の反射率はほとんど変化しないが，近赤外部はかえって増加するのがわかる．

また，葉によって反射する光は表面，裏面の構造や細胞構造により拡散光となるが，その空間的な分布は，入射光の角度によっても非常に変化する．図105はダイズの葉に光を入射したときの反射光ならびに透過光の強さの分布を示したもので，光が葉に垂直に入射したときは，反射される光はあらゆる方向に一様に反射され，空間的には図に示すように円形の分布をもっていて，どの方向からみても同じ

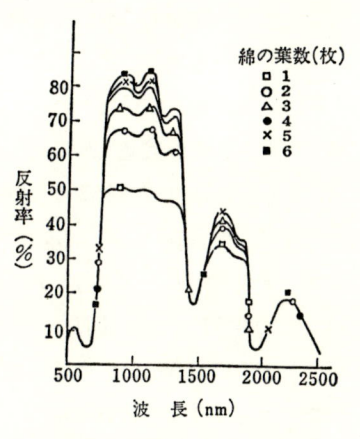

図104 葉の重なりの分光反射率

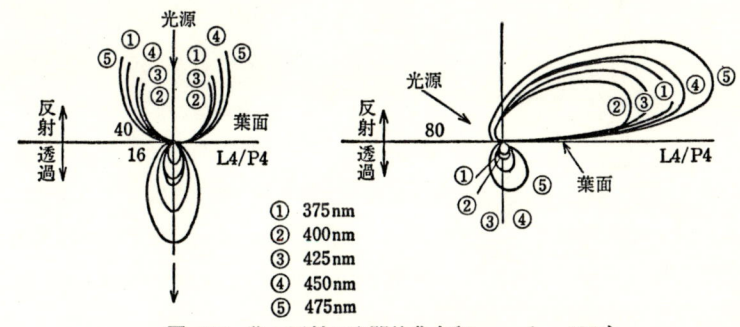

図105 葉の反射の空間的分布(Breeceら，1971)

① 375nm
② 400nm
③ 425nm
④ 450nm
⑤ 475nm

ように見える．しかし，光が葉に傾いて入射すると，光は正反射の方向に最も多く反射され，その方向から見ると鏡の面のように見える．一方，透過光は細胞により完全に拡散されて空間分布は円形となり，方向性があまり生じない．

このような光の空間分布の変化は太陽の位置と見る方向によって,葉の色が変わることを意味していることになる.また,この空間分布は植生の種類により異なり,そして同一植生であってもその生育状態,ならびに環境状態によって変わるものであることはいうまでもない.

これまで1枚の葉について反射,透過について説明してきたが,普通われわれが見なれている植物の色は1枚の葉の色でなく,葉が集まった状態の色であり,空間的に葉が互いに重なり合ってひとつのかたまりとなっている.光は上層の葉で反射されたり透過される.そして透過した光は下層の葉の表面あるいは裏面にそれぞれ異なった角度で入射し,そして反射される.反射した光は再び上層の葉に入射する.このように何回もの反射と透過を繰返して,最終的に上層の葉の集まりから,出て行く光が色として感知されることになる.これまで述べた1枚の葉について複雑な反射と透過とがさらにひとつの植物の多くの葉の集まりについて行われ,さらに植物の集まりについて行われる.したがって,植物の色もますます複雑となり,微妙な色を示すことになる.花の色についてもクロロフィル以外の色素(アントシアニン,カロチノイド色素など)が多く含まれるので葉よりもさらに複雑な反射と透過の特性を示し,その色が微妙に見えることとなり,植物の色は生きた色であるといわれるのも当然なことであろう.

図106は日本の例ではないが,北米で秋の落葉のころの樹々の葉色の変化の状態を色度図上に示したもので,大別して,(1)緑→黄→赤,(2)緑→オリーブ→赤,(3)緑→黄(または黄緑)→褐色,の三つの色変化に分けることができる.そして当然のことながら,日かげと日なたとに

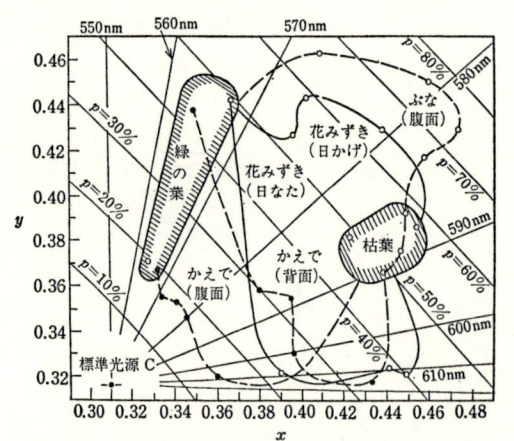

図 106 落葉樹の葉の色度座標(Gates ら,1965)

よって色の変化の過程が異なっている．

以上述べたように植物の発色メカニズムの説明は，植物以外の物体の色彩発現のそれと同様である面と異なる面があり，要約すると以下のようになる．

① 葉，花弁の組織はうすいので，光が容易に透過する．したがって，反射光とともに透過光が発色に重要である．しかも，光の透過率は植物組織の状態（生命力，年齢，構造，含有成分など）によって微妙に変化する．

② 植物の葉や花の着生位置や状態によって発色が異なる．それは，1本の木の東西南北，上中下，さらに葉の付く角度，葉の重なり程度などによって同じ光が当っても，また太陽の位置が変わっても光の反射，透過率が変わり，濃淡，影などが生じ，全体的にみて微妙な色彩差が生じる．また，植物の育っている場所，状態（単植か群植か，日かげ地か陽地か，周りの植物の高低，ひろがりなど）によっても光環境が異なり，発色が変わってくる．

③ 葉や花の表面構造（かたさ，凹凸，そり，毛の有無，ろう物質の有無，大きさなど）や内面構造（表皮細胞の配列・形，大きさ，厚さ，柵状組織などの配列）の差によって光の反射，透過が微妙に影響する．たとえば，光の異常屈折，乱反射などが起こる．

④ 葉や花の生理的差（年齢，水分・含有成分，生命力など）によっても，光の反射，透過率が微妙に変化する．

⑤ 葉や花に含まれる色素の種類，量，分布や状態によって光の反射および透過率が非常に影響される．色素は生命力があるので，植物の育つ環境，植物の生理状態によって非常に変化があり，同時に表面色も変わってくる．

⑤の花や葉内に含まれる色素が最も重要な発色条件になっている．これによって，同じ光の全反射量，透過量があっても，発色が全く異なる原因になる．したがって，この⑤項を詳しく述べる必要がある．

10.I.6. 植物色素と発色

植物色素は植物の生きた細胞中に含まれ，それ自体も生命をもち，その植物特有の発色を示す物質で，この色素の有無が植物発色に最も重要な条件にな

る．したがって，このような生きた物質，色素を含む植物の色彩は，無生物である絵画や物体の色彩発現とは根元的に異なり，未だに人工的につくりだせない植物独特の魅力的，不可思議な色彩を呈するのである．

現在まで多数の色素が発見され，これらの性質が化学的に解明されてきた．正確な数は誰もいっていないが，おそらく万に近い種類があると想像できる．

次に植物の発色に関係ある植物色素をあげて，実際の発現色などを簡単に述べてみよう．

まず，植物色素を大別すれば次のようになる． ① 葉緑素(クロロフィル)，キサントフィル， ② カロチノイド， ③ アントシアニン(花青素)， ④ フラボン，フラボノール， ⑤ ベタシアニン，ベタキサンチン， ⑥ オーロン，カルコンなどである．

(1) クロロフィル

クロロフィルは植物の葉に最も多く含まれている色素で，これが含まれている組織は緑色を呈する．この色素は葉や茎のほかに，花や若い果実にも含まれていることが多い．この色素は，158年前，1818年(文政5年)に，ペレティエ(P. Pelletier)とカベントウ(J. B. Caventau)がクロロフィルという名で発表したのが最初であり，1838年(天保9年)には，ベルゼリウス(J. Berzelius)によりその化学的性質が解明された．植物色素のうち最も早く研究された．

この色素は直径 $4～6\mu$，厚さ $1～3\mu$ のだ円形または両凸レンズ型の葉緑体中に含まれている．葉緑体は偏平な円板状のグラナとストロマとよばれる無色の基質からできていて，クロロフィルはグラナ中に多く，一種の蛋白質と結合している．a ($C_{55}H_{72}O_5N_4Mg$) と b ($C_{55}H_{70}O_6N_4Mg$) の2型あり，3対1の割合で混合している．他の色素と異なり光合成を営み，植物の生命を保っている最も重要な色素である．

キサントフィルはクロロフィルと共存し，黄色を示す．秋，クロロフィルが破壊されたときに黄葉になり，その存在がよくわかる．

(2) カロチノイド

カロチノイドは果実や花に多く含まれていて，黄色，オレンジ色，ときに赤

色を呈する．葉中にもクロロフィルと共存し，秋の黄葉時によくわかる．この色素は，植物細胞中に結晶状で存在する．種類が非常に多く，分類がむずかしい．普通の種類は β-カロチン，リコピン，ルテインなどである．カロチンの化学式は $C_{40}H_{56}$ で示され，カロチノイド色素は C(炭素)数によって分類される．水には溶けない．1826年(文政9年)ごろ，ワッケンローダー(H. W. F. Wackenroder)によりニンジンで研究され，命名された．

(3) アントシアニン

赤，紅，ピンク，青，紫色などの花や葉などに含まれる色素で，最もはでで，幅広い色調を示す．フェノール化合物で，植物の細胞中に溶けて含まれ，糖(ぶどう糖が主)と結合する配糖体になっている．生体内での働きは不明で，植物組織の保護，昆虫の誘導のために含まれるといわれている．

アントシアニンの主要基本型(アントシアニジンとよび，糖や有機酸を除いた型)は次の六つであり，それぞれ特有の発色を示す．

(i) ペラルゴニジン　この基本型が含まれると赤，朱，朱黄色を呈する．一般に明るい，はでな色彩を示すので，現代の改良された花に多く含まれる(赤のカーネーション，ダリア，バラなど)．

(ii) シアニジン　紅色，ピンクを示す．基本型のうち最も普通の色素である．葉にも多く，紅葉の色素である(ウメ，キクなど)．

(iii) デルフィニジン　紫のデルフィニウム(千鳥草)から名付けられ，青や紫を示す色素である．アヤメ，キキョウなどに含まれる．

(iv) ペオニジン　紅紫色の花に含まれ，シャクヤクに普通である．

(v) ペチュニジン　紅紫色，ピンクの色に含まれる．ペチュニアのピンク，ブドウの実，シクラメンなどに含まれる．

(vi) マルビジン　紅紫，紅桃色の花に含まれ，マルバゼニアオイから発見された．

これらのうち (iv)～(vi) は (i)～(iii) の色素より分布が少ない．いずれの基本型にも10種以上の配糖体があるが，発色の差は少なく，基本型の発色に左右される．一つの組織には，単一の色素が含まれることは少なく，普通は

2〜3種類，多いときは10〜20種の異なった配糖体が含まれ，したがって発色は複雑である．

（4） フラボン，フラボノール

これらはアントシアニンとよく似たフェノール化合物で，種類は非常に多い．発色は白，クリーム色，淡黄色である．これらの色素も配糖体で，基本型の主要なものは次のようである．

（i） アピゲニン（フラボン）　白や黄花，葉内に含まれる色素で，植物界に広く分布する．アントシアニンとも共存．

（ii） ケルセチン（フラボノール）　白色，クリーム色，淡黄色を呈する色素で，ほとんどの植物の葉，花，果実などに含まれる．

（iii） ケンフェロール（フラボノール）　前者と同様に，白，クリーム，淡黄色の花に含まれる．葉にも含まれ，前者に次いで分布が多い．

以上，3種の色素は，アントシアニンやカロチノイドが多量に含まれると，白色の本来の色はかくされる．しかし，有色色素の含量が少ないと，こい紅色をピンク色にうすめることがあって複雑になる．

（5） ベタシアニン，ベタキサンチン

サトウダイコン（*Beta vulgaris*）の根から発見されたのでベタシアニンと名付けられた．分布は狭くケイトウ，マツバボタン，シャボテン類，ニチニチソウ，オシロイバナ，センニチソウ，マツバギク，ブーゲンビリア，ツルムラサキなどの分類学上のナデシコ目の植物に限って含まれている．窒素を含む色素で，赤，ピンク，青色系のベタシアニン，白，黄，クリーム色系のベタキサンチンに大別されている．花色は鮮明になる．細胞液に溶けている．

（6） オーロン，カルコン

これらの色素は前者より，さらに分布の少ない色素であるが，特有の黄色を示す．オーロンはキンギョソウ，スターチス，ヘリクリサム，ダリア，コレオプシスなどに含まれ，カルコンは，カーネーション，ベニバナ，ダリア，コレオプシスなどに含まれる．

以上，6大別した植物色素の概要を示した．植物の色彩は，まず含有色素独

特の色調が示され,さらにそれらの含有量,各色素の含有比率および相互作用などによって発色が変わってくる.このような生理作用に加えて,色素以外の含有物質との関係,植物の生育環境,遺伝,前述した植物自体の条件によっても色が複雑に変わってくる.次には,これらの点を簡単にふれてみる.

10.I.7. その他の植物特有の発色メカニズム
(1) 色素の配糖体・有機酸

配糖体についてはすでに略記した.生体内ではアントシアニン,フラボノールなどのベンゼン核にぶどう糖,ラムノースなどの糖類,またパラクマル酸,カフェイン酸,フェルラ酸などの有機酸が結合して多くの色素を形成している.したがって,これらの物質の結合の仕方(結合物質の種類,分子量)などによって,言葉ではいい表せない微妙な色の差がみられることはデータはないが想像できる.

(2) 細胞の酸性度(pH)

アジサイの花色が土壌のpHによって変化することは150年も前にすでに知られていた.しかし,生体細胞のpHは,調べられた植物ではpH 5.5の酸性であってアルカリ性の種類はない.したがって,簡単に細胞内のpHによるとはいえない.ただ,フクシアの花で開花始め4.2が5.3に変わり,その後4.0になり,これにつれて花色が変わっていくのをみるとpHの0.5から1.3ほどの変化でも花色が微妙に変わるといってよいであろう.ただ,生体内から取出した色素抽出液ではアルカリでは青,酸性では赤くなるのは事実であるが,生体内ではこのように簡単ではない.

(3) コ・ピグメント説

p.151で述べたアントシアニン色素に他の物質,水溶性タンニン,フラボン,コロイド性物質などが働き,本来の色素の発色を変えるという学説で,1931年に英国のロビンソン(R. Robinson)が発表した.

この考え方は,現在種々の植物で実証されている.いずれも青色化の傾向を示す.最もよい例は青バラで,ピンクの発色を示すアントシアニンにフラボノ

ールが働き，いわゆる'青バラ'になっている．

(4) 金属錯塩説

錯塩とはある一つの原子の周りに，他の原子・原子団・分子が配位してできる塩のことである．色素の場合は，中心にマグネシウム，カリウム，鉄，アルミニウムなどの中心原子があり，周りにアントシアニンが配位して錯塩をつくり，花色を変えるという．1918年に発表された柴田の説である．この場合，シアニジン，デルフィニジン，ペチュニジン系色素にあてはまり，花色を青くする．例として，ツユクサ，ルピナス，ヤグルマギクなどの例があり，実験的に認められている．

(5) 環境との関係

すべての色素は，クロロフィルが行う光合成の産物から形成される．したがって，光合成が低下する条件では発色がわるくなると考えられる．光合成は，光，温度，水，栄養，空気中のガス条件などに影響を受けるので，これらの条件によって色素の生成が変わり，当然，発色も変わってくる．たとえば，高温ほど色素含量が減り，花の色がうすくなる．

以上，植物の発色メカニズムを物理的，化学的および生物的にみてきた．しかし，地球上に何十万とあるすべての植物の発色条件はまだまだわからないことがほとんどであるといえよう．このためか，'生命力のある'植物の色をつくりだすことができない現状である．

しかし，われわれは原理は完全にわからなくとも，徐々にではあるが今までにみられない植物の色を創造する努力はしている．根本的には植物の発生，色素の形成などは遺伝子が司どっているので，遺伝子そのものの解明がなされなければ夢は解決しないのであろう．

遺伝子を組合せて，今までにない色をつくりだした例をあげれば，黄花のハナショウブ，白花のマリーゴールド，黄花のアサガオ，赤色のキバナコスモスなどがある．しかし現在どうしても得られない花色がある．たとえばキンセンカ，ハナショウブ，テッポウユリの赤花，アジサイ，キキョウなどの黄花，カーネーション，キク，サツキなどの青花など，夢はつきない．　　［横井　政人］

II 生活環境からみた植物の色

10.II.1. 植物のミドリと人間の生活

　植物の色は心やすまる緑色である．植物は太陽の豊かな恵みを受けて生長し，それにつれて葉の上に微妙な変化を表し，花となって眼を奪う美しさを発揮する．生の素材として身近な生活の上にとり入れて生花となり，美しくうるおいのある生活空間として庭園がつくられる．発展して公共造園となって都市美を構成し，多くの人々にとってのやすらぎと憩いの場を提供する．

　日本の国が南北に長くのび，春夏秋冬の季節が判然としていることは，わが国民性に強い影響を与えた．四季折々の風情を敏感にとらえ，いわゆる'もののあわれ'を解する，情緒豊かな国民性がはぐくまれ，これが昇華して優れた文学や芸術作品が生まれてきた．現代はあらゆる面において季節感喪失の時代といわれているが，そのなかにあって野外の植物は忠実に季節を感じ，鮮やかに季節を表現してくれる．

　植物のもつ基本的な色としての緑——それは葉緑素のもつ固有の色であるが，それはまた生活のための美的環境をつくるばかりでなく，人類の存在にとって欠くことのできない食料をつくり出し，快適な生活のための衣料や住居のための素材を生産する．また植物のあるものは，悪化して行く環境に対する防波堤となって人間をまもり，あるいは力尽きてついには枯死するに至る．

10.II.2. 光合成という化学産業

　植物は有機物合成の一大化学産業である．これは人間の行う工業生産よりもはるかに大規模なものであり，しかもこの産業は太陽のもつエネルギーを最大限に利用するという最も進歩した施設であり，その年間生産量は実に 5000 億 t に達する．この工場の最も重要な施設としては葉緑素があり，これが太陽エネルギーを吸収し，根より吸い上げた水と，葉の気孔を通して吸収した二酸化炭素とから糖をつくる．植物自身の生活のために，この光合成産物の約 10〜20%

は消費され，残りは澱粉として貯蔵され，あるいは窒素化合物と結びついてアミノ酸や蛋白質となる．これをもととして植物は葉をつくり，枝や根をのばす．光合成の総生産量より，植物自身の呼吸による消費量を差引いたものが純生産量となる．

次に国際生物学事業計画(IBP)の一環としてまとめられた緑色植物の生産量についてみると(表12)，陸地面積は大洋の約4割であるが，その生産量は約2

表 12 緑色植物の生産量とガス収支 (門司・清水：自然保護を考える，共立出版)

		面 積 $\times 10^6 km^2$	1年間の純生産量		同化する炭酸ガス $\times 10^{10} t$	放出する酸素 $\times 10^{10} t$
			単位面積当り g/m^2	全 体 $\times 10^{10} t$		
大	洋	361	155	5.5	8.1	5.9
陸	地	149	730	10.9	16.0	11.6
荒	地	52	67	0.35	0.5	0.4
耕地草地		40	700	2.8	4.1	3.0
森	林	57	1350	7.7	11.3	8.2
総	計	510	320	16.4	24.1	17.5

倍となり，それを単位面積当りに換算してみると，その生産工率は大洋の5倍となる．陸地のなかで植生の違いについて比較してみると，耕地，草地では荒地の約10倍，森林は20倍となり，植物集団のなかでは立体的植生の樹木群落が最も高能率の生産をあげていることがわかる．

10.Ⅱ.3. 大気浄化のはたらき

(1) 緑地による浄化

明治神宮の森は公害の真只中にあるにもかかわらず，樹木の生育はきわめて良好である．そこで，二酸化硫黄を指標として，神宮を取巻く1〜2km付近，およびそれ以遠の地と，神宮の森のなかおよび林縁についてガス濃度を比較してみると(図107, 108)，森の中央部では周辺市街地に比べて1/5〜1/7と低い．市街地と接する林縁部では，人間の活動の盛んな日中に高く，深夜に低下するが，

10 植物の色

森の中央部では常に濃度は低く,しかも経時変化はほとんどなく安定している.

樹葉中の硫黄分の分析結果よりみれば,周辺部の葉に高く,中心部の樹葉中の含有量は低い.また森のなかでは冬季の二酸化硫黄の濃度が夏季に比べていくぶん高いのは,落葉によって林内にガスが侵入しやすくなったためと考えられる.市街地に比べて樹林地内部のガス濃度が低いのは,まず密生した樹林の葉の群がりによって物理的にガスの侵入が妨げられる.次にその一部の侵入したガスは,樹冠部より地面に接するまでの 20~30 m の厚い樹葉の層に順次吸着捕捉され,次いでクスやシイやサカキなど,抵抗性の強い樹種の葉はその硫黄分を同化のために取込むなど,生活機能を通して浄化が計られるためと考えられる.

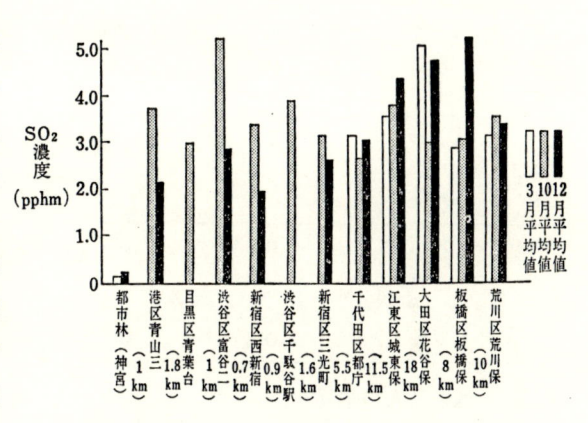

図 107 都市林の大気浄化機能,周辺市街地と都市林内部の SO_2 量の比較(導電率法)(本多,1972)

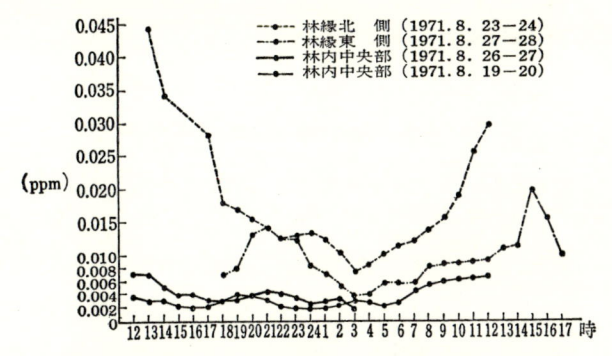

図 108 都市林の内部と林縁における SO_2 量の 24 時間の変動(明治神宮)(本多,1972)

表 13 樹木の SO_2 に対する吸着能(実態調査による)
(高橋ら:保健保全林,林業試験研究報告)

樹　種	葉の乾燥重量あたり吸着量 (Smg/g·月)	備　考
ソメイヨシノ	0.5	
イチョウ	1.8	大阪市内での調査(大阪公害対策部)
サンゴジュ	0.8	(42. 5〜9)
クス	0.4	
イチョウ	2.5	
プラタナス	1.0	川崎市内での調査(神奈川農試)
トチノキ	0.5	(42. 5〜9)
マテバシイ	0.1	
ケヤキ	0.5	東京都内での調査(国立林試)
アカマツ	0.2〜0.4	(42. 6〜7) (44. 6〜8)
ソメイヨシノ	0.8	

(2) ばいじんの捕捉

東名高速道路静岡の日本坂トンネル付近は,早くよりミカンの産地として知られているが,延長 2000m 余のトンネル口より排出される自動車の排気物によって,ミカンの葉および果面は黒く汚染され,樹木は衰弱し,果物は著しく商品価値を低下させる.そこでカイズカイブキその他十数種の樹木を植栽し,その捕捉効果を調べた.道路際の汚染状態を 100 として,樹林の中および後背部での変化をみると(図 109),道路に直接して設置された樹林帯では,黒色炭素粒子のために真黒となるが,その背後では著しくその度が減少し,フィルター効果があることがわかる.この捕捉能よりみると,幹や枝よりも葉において最もよく捕えられる.

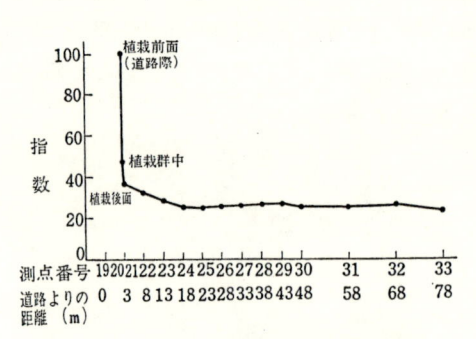

図 109 防煙林によるばいじんの飛散防止効果(東名小坂トンネル上り線側,ガーゼ法.道路際を 100 とした指数.設置 1 カ月後回収. 1972.2.27)(本多,1972)

（3） 廃棄物の無公害処理と有用物質への転換

地球上に生存する人間や鳥類その他の動物，植物の呼吸や，物の燃焼，腐敗などによって，二酸化炭素は常に発生し，大気中に放出されている．ことに燃料よりくる二酸化炭素量は，年間50億tをこえるものがあり，年々増加の方向にある．二酸化炭素は保温性があり，濃度を増すにつれて地表温度が上昇する．今後30年後に地表温度が2°C上昇するという計算もあり，それによって極地の氷がとけて海面の上昇ともなれば重大である．

葉緑素は光合成の過程を通してこれらの二酸化炭素を吸収し，同時に酸素を空気中に放出する．そしてこの廃棄物処理工場は全く無公害の下に運転される．このガス収支を地球的規模においてみたのが表12で，緑化植物の貢献度は高い．これを樹林構成別に分け，酸素放出量に対応する人間数に換算してみると，常緑樹やスギ林が効率的であることがわかる（図110）．

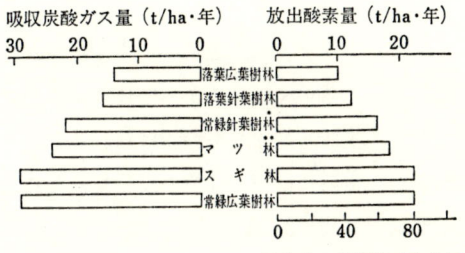

図 110　森林（よく茂った場合）の炭酸ガスと酸素の収支（只木，1971）
*：マツ林，スギ林以外，　**：ハイマツは除く．右下の目盛りはそれぞれの森林が人間何人分の呼吸量をまかなえるかを示す．

（4） 環境汚染指標

植物は動物と異なり，一定の地に定着するため，その地の環境の影響を非常に受け，植物体上になんらかの変化を表し，ついには消滅してしまう．たとえば，大気汚染に対して樹木の活力が低下すると，樹葉の赤外線反射率が低下する．この性質をもととして，航空赤外カラー写真撮影を行い，その発色の状態の解析により汚染度を判定することが行われる．また，植物はその被害度によって樹形や枝の伸長，肥大，枯損などを観察記録することによっても，環境汚染度を把握することができる．植物の器官としては，葉に最も変化を生じやすく，葉の変形，落葉などとともに，紅葉，黄葉の時期と変化の度合，ネクロシ

ス(組織の壊死)の色と形とは，汚染質の種類や被害を受けてからの時間，被害の強さなどを推定でき，広域的な汚染の見張り役として，環境保全対策のために用いられる．

(5) ミドリの殺菌治療効果

前述の明治神宮の測定値が示すように，緑の量の大きな集団としての森林のなかでは，汚染質が外部より著しく少なくなっている事実がみられるが，人間の体全体で受ける感じでも，森のなかの空気はいかにも清らかでうまい．ここに住み，あるいは勤務する人達がいつまでも若々しく健康であるのは，ひとつには精神的ストレスがミドリによって速やかに癒され，そして解消し，常に安定した悠然たる生活態度をもちつづけられるということもあずかって力あると考えられるが，さらに第三の環境の浄化もあることが最近の研究によって少しずつ明らかにされつつある．

植物体とくに緑葉群よりは揮発性の抗菌性物質が発散され，殺菌作用もあるという．ソ連よりの報告では，ネズの木 1 ha の栽培地では，小都市の空気の殺菌を行うに十分な殺菌力をもった揮発性物質が，30 kha の空気中に分散されるという．

10.Ⅱ.4. 樹木と季節感

多忙な生活のなかに，リズムと季節感を鮮やかによび起こしてくれるのは植物である．

正 月：瑞祥植物として門松にマツ，タケ，ウメがあり，玄関などの飾り物としてウラジロ(シダ類)やユズリハ，橙黄色のダイダイの実が用いられる．いずれも，葉，花，果実などのとり合わせとその配色の妙であり，これが飾られていかにも年の改まった感を深くする．

早 春：裸木であったナラやクヌギの枝先は白銀色に輝き，武蔵野の象徴──ケヤキの丈の高い逆三角形をなした特有の樹冠部は，薄茶色にやわらかくふくらんでくる．ジンチョウゲの香りが，あるかなしかの風にのって，どこからともなく漂ってくるのもこのころである．

陽　春：ナシ，スモモ，アンズ，ユキヤナギ，ハクモクレン，コブシと白花の多い春の花のなかで，淡紅色のサクラ，紅のモモ，さらに紫紅色のハナズオウ，シモクレンがいろどりを添える．サクラは日本の国花とされており，ソメイヨシノの群花美は見事であるが，近年大気汚染や土壌の悪化がわざわいして，都市や近郊では名所がつぎつぎと姿を消して行くのが惜しまれる．花見といえばサクラをさすほど，昔から日本人の心に深く定着している．

新　緑：ものみなはつらつとして生気みなぎる5月の候，いくぶんの黄味，赤味，青味などをまじえて，多彩なミドリの変化がある．5月の節句には，カシワの葉のうつり香も懐かしく，軒端にはキショウブの葉をさし，ショウブ湯に浸るのも都会では見られなくなった．

梅　雨：連日糸のような雨にけぶる庭木の小暗いなかに，ルリ色に白を混ぜたアジサイの花は，鮮やかに浮き上って，見事な舞台効果を表す．あまいクチナシの花の香り，白，青，紫の多いハナショウブも雨の風情にあう花といえよう．

盛　夏：夏に咲く数少ない花のなかにサルスベリがあり，百日紅の文字通り，3か月以上にわたってつぎつぎと咲きつづけて行く．紅色が普通で，ほかに白，紫がある．つる性で濃緑の葉の間から，橙黄色の花が垂れるノウゼンカズラも印象的である．紅色やクリーム色，白色の花をつけるキョウチクトウは，汚染大気のなかでもよく耐えて長い花期をもっている．涼風が立つまで，フヨウの花もとりどりの大柄な花をつける．槿花一朝夢――ムクゲの寿命ははかないが，つぎつぎと枝の側芽に花蕾を分化するので，これも一夏花をきらせずに咲きつづく．

中　秋：月見の宴にはススキの白い穂，クリ，カキの秋のみのり，たおやかなオミナエシの黄，ワレモコウのエビ茶のボンボンなどが，清澄な空気のなかにゆれる．ミヤギノハギが垣根にこぼれ，キンモクセイの香がどこからか風にのってくるのもこのころである．

滝のある渓谷のあたりには，カエデが燃えるような秋を演出するし，落葉広葉樹の多い高原や北国では，束の間の秋のはなやかさに彩られる．

冬：やがて北風が吹いて，木々の梢に残った一葉も落ち尽すころ，小春日和のなかにヤツデの白い花がひっそりと咲く．色とりどりのサザンカ，つやのある濃緑色の葉の間から，カンツバキの紅色はそれから翌年まで咲きつづける．

12月に入ると街の花屋にはシクラメンの花が並び，ハボタンの苗が売られ，ポインセチアの鮮やかな赤い色がクリスマスの近いことを知らせてくれる．

多忙な現代生活のなかに，ともすれば失いがちな季節感を，人工気象室に納まらない野外の樹木群が，確かな季節の推移を，間違いなくわれわれの前に提示してくれる．

10.II.5. 庭　園

西欧の街角や庭園・公園には，花だんとして芝生として，植物のはなやかな色彩があふれている．

日本庭園においては，古くは寝殿造りの建築空間に山水の庭として，宴遊や儀式のための南庭や中庭に池や細流を配して，ハギやキキョウやナデシコなど，やさしい野辺の草などが好んで植えられた．この自然風の作庭技法は，貴族階級から武士階級へと移って，禅的な作庭技法が生まれ，また武士や民衆の間に広まった茶の湯が，16世紀に完成に至るころには，'わび，さび'の精神にもとづく特異な生活空間——茶室と茶庭が盛んにつくられた．

日本庭園においては，西欧のそれに比べて色彩を用いることは控え目ではあるが，その配色には見事なものがある．京都西芳寺の苔寺は，山門を入ると長い石だたみがある．その両側は一面のカエデの林で，燃えるような紅や黄が，深々と盛上がる苔の鮮緑色と，長い築地塀の白壁とが互いに映り合って，見事な諧調をみせており，床の間の隅に活けられた佗び助椿の一輪にも，楚々とした日本美がただよう．　　　　　　　　　　　　　　　　[本多　倖]

11 景観の色彩（建築の外装色について）

　都市部や，より自然な状態を残している地域の景観に重要な役割を果たす色彩の問題点について述べよう．

　環境に色彩がもたらすであろう雰囲気は，われわれの生活に大きな影響力をもっている．都市環境や集落において全体的に示される色彩には，民族・社会の表現力を見ることができる．われわれはそのなかに生きている．景観に見える色彩，環境をなす色彩を語るには，第一に建築の色彩を問題にすべきである．建築物の外装色は，都市においては大きな面積でわれわれの眼前に広がっている．自然とのつながりがより多い地域や緑におおわれた田園においても，現在その景観の色彩を左右するのは建築物の色彩である．緑が多ければ，すべて浄化されると人は素朴に考えがちである．現在，大都市においては建築が建築の背景となってきていることは，日常町を歩いてみればよくわかることである．また緑の濃い地域も，人口の増加と開発によってその緑濃い特徴を失いつつある．景観の維持と管理に，色彩の点で関心をもっている人は，一般の人のなかにも専門家のなかにも数多いとは思われない．現実を見ればそう思わざるをえない．たとえ，個々の建築外装色に興味あるものがあってもまだ数は少ないし，何よりもまだ，外装色はそれ自体にしろ建築に伴う肌としても，正当な評価を受けていない．

　筆者は画家の興味で都市や自然の景観を見ている．風景画は描かずとも常に風景に興味をもち，とくに風景の色彩にひかれる．風景の色彩と同時に，風景に見ることのできる地形の起伏や材質感の違いに生じる空間のセンセーションに影響を受ける．質感や色彩や起伏が人の眼に与えるダイナミズムは常に自然

の相貌に見ることができる．ひとたび人間の手が加えられるときにそれは変わってくるし，また問題が生じる．建築物の規模が自然のあり様に挑戦的な意味をもってくる．それゆえ，今まで建築家の意思はさまざまな変化のなかで生かされてきたはずなのである．建築の色彩は，自然の素材を建築のために使えなくなってきた時点で改めて，対処しなければならないこととして，われわれの眼の前に立ちはだかっている．

11.1. 景観における外装色の見え

　町の周囲を山に囲まれている地方の中小都市を訪れると，視野のなかに山が入ってきて地形的な変化を感じるだけでも気持のいいものである．だが，今ではどこででも見られる一般的な現象であるが，遠目に見る町のなかには，五階六階建てといった白い箱のような現代建築が，他の低層の建物のつらなりから何の関連性ももたされずに立ち上っている．経済の繁栄とともにこのような建築はますます増えることであろう．人々にとっては新しさと便利さと誇りとして喜ばれることだろう．

　しかし問題は建物が，周辺の色彩とかかわりなく，また景観のなかの色彩としても考えられることのない外装色で処理されていることが多いことである．それはまず簡単にいってしばしば白である．最近は流行が変わってきたので練瓦色が増えることだろうし，事態は練瓦色の方がずっとよい．白が必ずしも悪いということではないけれども，現状を見るところでは，それが景観のなかでただ目立つだけであり，そしてそのうえ，たとえば背景の山の形や山肌の色と関係なく決められ，長い間維持し育てられてきた山と町の見え方の連続性，微妙な変化といった特質を断ち切り，壊してしまっていることだ．もちろんそれは色彩の意識だけでは論じられない．しかし背景，周辺とのかかわりのなかでの建物は，まずその色彩でもって人の眼に影じる．白の扱いはその規模なり背景との関連によっては当然妥当である．白は他の色彩を生かすものであるし，また人の眼をそこだけに向けさせるように使う場合有効である．

　白い箱型の建物が風景を分断し，とくに緑のつながりを壊してしまう顕著な

例は，その建築が，山の中腹や頂上にある場合である．そういった建築は多くの場合，ホテルであったりレストランであったりするので規模も大きく，当然視野のなかに占める面積も多い．そのため建築的には立派であっても，景観の良さに寄与することは少なく，反対に破壊的な効果を及ぼしているものが多い．緑のつながり，流れを断ち切ってしまうだけでなく，そのような建物の頂部が空と接して見えるときは，その効果はしばしば山の稜線の見え方をも壊してしまう．建築が屋根をもっていれば事態は変わってくる．和風建築の白はもっとやわらかい光を放射するものであったし，その使われ方は歴史のなかでつちかわれたものであった．白が直接周辺と接するというより，屋根瓦，柱材，他の壁材といったものとのつながりをおいた使い方であり，量的にもおさえられていた．建築自体の陰影が豊かななかでの白であったと思う．筆者が建築外装色の白にこだわるのは，いってみればそれが免罪符的役割をもつことで，外装の色彩の空間に与える特質が検討されてこなかったし，外装色による濃密な空間の創造が考えられなかった，と同様に建築家，行政にたずさわる人，一般の人もわれわれの土地や町のもつ景観に無関心であったからである．

　それでは町の周囲の山に上って街並を見下してみよう．昔ながらの瓦屋根が街並を構成していれば，人はきっとその美しさに心を静められる．町のたたずまいが，瓦に反射する光の中に読取れる．また，地方によってはその周辺でとれる土で焼いた瓦が使われていて，特徴的な雰囲気をかもし出しているだろう．しかし現実には，建材の変革の影響をはっきりと見ることができる．今なお瓦を使用して家を建てる人はいるけれども，カラートタンや色材を表面に使った瓦が，普通の瓦の合い間合い間に見え，かつての全体的な見え方が忘れられている．色のついた屋根材そのものは否定しないが，その色味はどうしてもかつての屋根材の見え方の美しさにはかなわない．それならば，維持しえてきた美しさをそこなわないような色味におさえるべきであろう．このような場合，屋根材の色を考慮するならば，色彩的な要素だけによっても，一望に見ることのできる都市の尺度では全体性にとっての救いにはなりうる．そしてまた前述したような，風景の階調を分断するような建物も，色彩処理を景観の観点から考

えるならば，様子はまた変わってくるはずである．それはほんのちょっとした心づかい，心意気の問題ですらある．屋根に関していえば，長年使われ，その地で育った瓦と類似の色，あるいは濃淡の差で調和して見られる色を選ぶことができる．景観として見える全体性の点でいえば，このように簡単にもいいうる．言葉でいえば簡単であるが，色彩は体験のなかでつちかわれるものである．

数年前，能登半島を旅行したときその地で，灰色の金属屋根，こげ茶色の金属の壁材，黄土色の塩ビの雨樋いといった，周りの自然となじみの深い彩色をされた家屋，倉庫をいくつか見た．それは年古りた建物と比較すると軽いものではあるけれど，いいものであった．また山梨県の山の中では，にぶい赤に塗られた屋根をもつ多くの家を緑のなかに見た．それは緑のなかで，時間のなかで陶汰された色であると感じられた．1968年に，フランスの色彩家であるランクロ（J. Lenclos）がカラープランニングセンターの依頼で，東京の色彩調査をしたのに同行した折，根岸あたりの古い住居に使われている塩ビの雨樋いの色は，どの家もいいあわせのように，古びた板材の色となじみのよい茶系であり，ほっとしたものである．

筆者のよく知っている讃岐の山のなかには，いまだに古い様式に従って土壁，瓦ぶきの家を新築している人がいる．費用の点でたいへんだろうと思うし，時代の流れを思うと驚きですらある．そのような家（農家）の二階の軒下の低い白壁には，昔からのしきたりに従った左官職の手による絵画的な装飾を見ることができる．そこに使われている色は，黒，ウルトラマリン，淡い紅色，黄土色といったものでわが国では忘れられようとしている明かるさと微妙さをもっているものである．

11.2. 景観の維持と外装色

筆者は景観の特質の維持という点での色彩について書いている．筆者が体験的に見てきたものからいいうることは，建築の色彩が景観にかかわりあうとき，灰色や自然色に近い濁色のニュアンスもよいが，またより色味の強い，風土との対比色でもよいということである．

11 景観の色彩

　建物の色彩を考えるならば，色彩自体の使われ方，生き方がそうであるように，きわめて幅広いなかからの選択が許されるではないかということになる．しかしわれわれはまだその選択についての実際的な言葉を明確に知って使ってはいない．色彩あふれる町といわれながら，実は混乱でしかない現在の大都市の様相を見ている．色彩にあふれながら，その実，東京も大阪も名古屋も色彩的には結果的に無味である．界隈の規模でも，広場の規模でも，一望しうるほどの規模でも，色彩的な充実感を味あわせてくれる所は，日本国内ではまれである．だが，たとえ色彩的には地味であっても，幸いにも古い所には環境的な包み込まれるような色彩空間を見ることができる地域がまだ残っている．

　景観の維持のための建築の色彩という発想は，どちらかというと消極的な感じがする．たがわれわれはそれもまた方法として知るべきである．それには，われわれの風土の特質がからんでくるし，またかつてもちえていた民族独自の方法があるからである．同時にわれわれは急速な動きのなかで景観の特質をつくってゆかなくてはならない．それには景観の維持は基礎的な，いわばもてるものを振返ってみるということで必要だし，その上新しい時代精神としての環境的な色彩をつくりあげてゆかねばならない．現実はそれを必要としている．建築の様式や工法は時代とともに変わってきている．その建築の肌である色彩はそれに比べると，様式の変わり方に伴った，あるいは建築計画の違いに伴った，色彩独自の表現たりえてはいない．

　建築に自然材が使われていたころは，その見え方や変化もゆったりしたものという表現があたっていた．日本においても建築そのものもいわば一般に浸透した手なれたものであった．格式だとか趣味も人々の判断に密に結びついていたと思う．大工も左官も屋根職人も，現在つくっている建物がどのような見え方になるかについては，建築過程でそれぞれ身についたこととして知っていたであろう．そのようなことが，界隈の特徴やら地方色を長年の間につちかってきたわけである．

　しかし，このような幸せは，前述したようにどこでも加速度的な変化をよぎなくされている．建築の規模の巨大化，工法や建材の変化，そしてまた建築様

式の変化，生活感覚の変化，……，その結果，少なくとも現状を見ればわかるように，人々はいじましい混乱のなかに身をおくことをよぎなくされ，それにもまたならされている．確かにわれわれは新しい建築の肌をどうするかをゆっくりとだが知りつつあるだろう．一時期のコンクリート打ち放し，白く光った金属表面といった流行から，今日練瓦色タイルの流行である．無難な流行のなかで，色味について知りつつある．

　練瓦色あるいはそれに近い色の建物はやはり美しい．不思議な安心感をもたらしてくれる．もしもそのようなタイル張りの建築が十軒並んだと想定してみよう．その周辺の色味は増幅され，色彩の環境性とか色彩がもたらす雰囲気ということが人々に理解されよう．雑ばくな白っ茶けた空間ではなく，必要とされるのは濃密な匂うような空間である．

11.3. 二つの例，二つの突出

　今までにグラフィックデザイナーや建築家，画家による建築色彩の仕事があちこちにあるし，いまだに色あせぬ仕事と見られる優れたものもある．そういった仕事はかなり早い時期になされたものであるが，わが国ではトピックスとしては扱われても，それを突出部として見つめ，次につながり広げようという計画はなかなか生まれてこない．

　二つの顕著でしかも残念だと思われる例をあげてみよう．

　70年代の初めか60年代の終わりに，東京の千駄谷4丁目に建築家の近沢可也の設計による東京家禽センターができた．道路が分岐する一点にできたこの建物は小さいけれど，真紅に彩色され窓枠には黄色が配され，そして建物表面には黒の大きな文字が描かれた．立地条件と建築の性格とともに，それは衝撃的な経験を味あわせてくれた．そこの街並での建物の位置を象徴するかのように，それは建築色彩の始まりでもあった．中央線の電車の窓からそれは身近に見え，片方の樹木の緑，反対側に隣接する建物の淡い緑色の効果と相まって，その紅い小さな建築は常に生き生きとした喜びを与えてくれたものだ（口絵10）．

　何年かたって，急にその建物は見えなくなってしまった．とりこわされたの

かと思ったがよく見ると何とそれは全部白に塗り替えられてしまったのである．建物の持主が変わったのだろうが，紅から白に塗り替えられただけで，その建物の性格は死んでしまい，またその周辺に生じていた町の輝きや魅力は消え失せてしまった(口絵11)．

　赤坂見附の一角に山王の丘を背景にして，赤坂東急ホテルができたのは，やはり60年代の末である．グラフィックデザイナーの田中一光がその建物外装の色彩設計者である．これができ上ったとき，赤坂見附の空気は一変してしまった．道路に面してかなりの長さにその彩られた壁が広がるため，そこの光は影響を受け赤坂見附でしかない雰囲気がある．この建物竣工の後に建てられた周辺の建築は，しかしその雰囲気，密度，空気，光を盛りたてようとしなかった．自己を際立たせるならば，そこにすでにあって強い放射力をもつ建築色彩の効果を増幅させなければならない．後から建てられた建築群がそれ自体にしろ，外装の色彩計画をもっているのなら，その周辺を強く支配している建物の色味を無視しえなかったはずだ．

11.4. ヨーロッパで見た外装色

　ヨーロッパやアメリカにおいては，建築外装色の景観における意義，または建築外装色の環境に及ぼす魅力についての関心は高いといわねばなるまい．使用される色彩の表現力についての実例も，そこではより多く見ることができる．

　ヨーロッパにおける建築外装色といっても大勢は自然材である石材の表面色である．その色味はむしろ沈んだ色調の差でできている．しかし，古い建物に塗装している場合がある．また現代建築には色彩計画が入っている例が多い．それらについての一般的な印象は，日本で想定しうるより大胆な色彩の駆使である．

　デンマークの首都コペンハーゲンは光に恵まれないためか，色彩的な実現を多く見ることができる．一軒一軒の規模がさほど大きくない古い建物には，しばしば自由な色彩処理がなされている．市内の様々な塗料によって彩色された

ファサード(façade, 正面)の魅力は，ヨーロッパの他の都市ではあまり見られないものである．全体的に整った自然材による街並の重い厚い色調のなかで，彩色された建物は麦畠の中のケシの花のような効果をもっている．この塗装された街並は，一軒一軒が違った色であり，その徹底さ加減は誰が計画したかは知らないが，独得な雰囲気をかもし出している．

日本人は通常―特に建築家は―ペンキが塗ってあるというといかにも下品なもののように解釈する．このように塗装された街並については，それは商業地区だからだという．確かにコペンハーゲンのその地区は観光客の多い地区ではある．しかし，そこに示されている色感の良さは，郊外の住宅にも延長しているといいうる．

塗装された街並は，商業地区のみならず，中心をはずれた何でもない界隈でも微妙な色調に彩色されたファサードを見ることができる．小さな町工場の正面とか，居酒屋とか住宅でもそうであった．

コペンハーゲンの旧港を囲むレストランやおみやげ屋や住宅は，海に近いだけにかなり強烈な塗装色が施されていて驚きであった．筆者が見た街並は，北欧の遅い夕暮の光を浴びていて建物の色は一段と輝き，周辺の空気は他の場所と比べて転調したかのようであった．白，水色，淡い黄色，やや深い青，黄土色といった色調でファサードの材質が一様に塗りこめられていて，柱，扉，窓枠といった部分は壁の主調色とみあった色に塗り分けられていた．

コペンハーゲンには，前述したような塗装色ではなく，あらかじめ着色された建材でファサードを飾っている商店も多く見られた．塗装色とは違った輝きとまた硬さをもち，それは一階の商店の全面のみおおっていたり，あるいは二階三階までおおっていたりして，かなり変化のあるものであった．一階と二階が違った色調でおおわれていたりして，塗装の場合より複雑な印象を与えているが，色調は美しいものであった(口絵12)．

このような色材で囲まれたショウウインドウや，また商店の上の方にある住居の窓も人の眼に与える効果を良く考えられていて，ファサードの一部としての役割が強調されていた．商品は奥行き方向に並べられるよりも，ガラス面に

二次元的な効果で並べられていたり,住居の窓にすら外からながめられるような装飾感が与えられている.

このようなファサードの生かし方は個人個人がやるものであるために複雑ではあるけれども,それぞれ演じさせている色や物体は,移動する人間の眼にさまざまな喜びを与えてくれる.日本の団地ではしばしば陽に干される夜具が皮肉にもこのような喜びを与えてくれる.計画の埓外にあるような複雑な色調の雰囲気である.

ロンドンのソホー界隈にも塗装され装飾された建物が多い.コペンハーゲンと違い,多少どぎつく荒々しくさえある.しかしその強烈さは,裏の方にあるレストランや住宅の船や船具のもつさわやかさのような色調をひきたてている.かつてのロンドンはやたら黒かった.そのなかでも,バスの色,電柱の色,鉄柵の色,窓枠の色は独自の色であった.ロンドンの黒さ,暗さが人々に共通の理解を強い,そこから都市での色彩が生まれてきたのかもしれない.

わが国の都市においても,現在建っていたり建てられつつある規格的な建築的にも平凡な建物が古くなる時点で,コペンハーゲンに見るような美しい色調をもった建材が建物の表面を飾り,新しい顔をもつという方法が一般化するかもしれない.

以上に述べたことは,古い建物を塗装なり建材によって飾ることで,いわば応用装飾として軽視されるかもしれない.しかし,その条件だけにより自由であり示唆深いものがある.

11.5. 都市計画と色彩計画

わが国の団地も非常に大きな規模でつくられ,計画されている.最近の多くは色彩をもち,あるいは色彩計画を伴っている.

大きな空間をつくる建築計画,あるいは都市計画には建物全部および地域全部の色彩計画が可能である.色彩計画は,全体計画のなかで当初から入るべき重要な要素である.なぜなら最終的に全体計画の視覚的要因にかかわってくる大事なものであるから.

視覚的要素としての色彩はどのように計画全体とかかわりあうか．色彩造形の可変性をどのように決定づけるか．さまざまな立場，さまざまな陶汰の経験のうえでの色彩家の能力による決定によって成り立つと筆者は思う．

色彩は建築や景観に詩的な性格を与えうるし，また建築にとっても機能的な有効性をもっている．都市計画にしっかりした性格を与えるには，今では都市計画家，建築家，造園家，工業デザイナー，グラフィックデザイナー，社会科学者，色彩家，…，の協力が必要である．すでにそのような態勢で都市づくりを実行している所もある．色彩家がもし最初からこのような計画に従うならば，その色彩上の発想はどこに根をもち，どのように展開してゆくのだろうか．最初の考え方を得るにはさまざまな方法があると思う．

一つは計画されている土地の固有の色彩を読取り，色調として理解することである．風土のもつ色彩を発想の出発点としてつかむことである．その土地の土の色，石の色，樹木の色，花の色，海の色，すでにある建物の色といったそれ自体が使われる使われないにかかわらず，色彩上の基調をなすものである．そうやって得られた色調から，実際的に色出しされてゆく過程で，またはその色調全体の様相を見たうえで，より強調された色，あるいは反転ともいうべき色調が選び出されることもありうる．隣接地域の色彩的な表情もこの際の読取りの対象となるであろう．

自然のもった色調を出発点としなくとも，色彩家自身が直観的に得る色調をそれとすることもある．色彩家の経験自体による発想である．それには象徴的な意味として色彩の選択もあるだろうし，あるいは純粋なキーとして扱われる色調もあるだろう．いずれにしろこの色彩的発想は，共同作業のなかでの陶汰を受けるであろう．

計画の進行とともに，建築のかたち，空間の性質，地形との関連による見え方，植物のあり方，都市デザインとの関連，素材の性質といったさまざまな要素とのぶつかりあいのなかで確実性をもたされる．色調として出される色彩概念の設定が多分最もむずかしい．

実際的な建物への適応を考える段階は，色彩は物理的な確かさをもって表す

ことができて，検討はより容易である．図面のうえの想定であれ，模型のうえでの想定であれ，それは眼に見える対象として，同時化はより明らかであるし，判断評価は素早くできる．

しかし，色彩概念の設定に対する判断評価は，計画に参画する各専門家の想像力にたよらざるをえない．色調として実際に色出しされているとしても，色彩とのつながりの視点から見るとより抽象的な段階であるからである．だがその場合，色調として出されたものが，特質，関連性をもっているならば，色彩上の概念は全体の計画進行のひとつの指針ともなりうるであろうと思う．

パリの南25km，オルリー空港のそばにグリニー大団地(La Grande Borne à Grigny)がある．戸数3700戸，人口15000人のこのニュータウンは1971年に完成したと思われる．この新しい都市は計画の造形的な新しさと，全体にわたる色彩計画の徹底によってきわめて刺激的である．建築家はエミール・アイヨー(Emile Aillaud)，色彩計画の担当は画家のファビオ・リエティ(Fabio Rieti)である(口絵13)．フランスはデザインの領域では後進だというのが大方の批評である．しかし，伝統的に人間の考えの初発的な大胆さを提示するところでもある．この団地の建築には技術的な優秀さとか，金のかかった滑らかさといったものは見られないが，建築と人間との尺度に対する暖かい理解が見てとれる．

90haの三角形の土地が七つの地区に分けられていて，それぞれは次のような名前をもっている．迷路地区，子午線地区，レーダー地区，ポプラ並木地区，引出し地区，高い町，低い町である．それぞれの建物は，隣接地域にラジオ施設があるので最高五階におさえられていて低い町の住宅だけは全部一階建一戸建で中庭をもつ形式である．

建物の配列は非常に動的な構成である．迷路地区の建物はそれ自体蛇行していて，その入り組み方は有機的な動きを示している．子午線地区の建物は，ほとんどが波状で一部扇形である．ポプラ並木地区では，ポプラそのものは整然と植えられているが，三階におさえられた四角い建物は，そのなかにやや不規則に配列されている．引出し地区の建物は二階で六軒または八軒の建物が一つ

の中庭を囲むようにやや不規則に配列されている．レーダー地区の建物は，扇形でそれぞれが関連しながらも一見投げ出されたような配列を示している．高い町は商業地区なので建物は五階建である．さまざまな広場があり，その広場を囲んで建物は多少のくい違いを示して配列されている．低い町には200軒の平屋の個人住宅があり，それぞれの家はかくれた中庭をもち，全体の配列は複雑にゆがんでいる．

建物のかたちと配列の変化を述べたのは，そこではいかに外装色が，見られるもの，包むものとして生きうるかを想定できるだろうと思うからである．歩行している人に与える色彩的変化，建築群のかたちの性格の違いと色彩の結びつきのおもしろさは効果的である．また建築の相貌は単純であるだけに，色彩があることで色面としての性格も強い．実際，リェティによる色彩計画はこの都市計画のなかで大きな位置を占めていて，都市的規模で色彩の役割が前面に出てきている．

使われている色彩は40色に及び，材質はガラスモザイク，陶製タイル，着色コンクリート，塗装である．使用色は地区によって違っているが，白，黒，青，水色，黄，黄土，赤，茶，緑，黄緑でその上微妙な明るさの違いによる色調が加えられる．

建築の大部分がプレハブのパネルを使う方式なので，パネルが一つの色の単位を構成している．そしてその一つの単位のなかに同色でありながら明るさの違う色が混じっている．主調色がどのような規準なり出発点を経たかはわからないが，かなり重い色から軽やかな色まで統一感のある組成を示している．ここでは建築が比較的低層であるということが原因であると思うが，色調同士のひびきあいは水平方向で求められている．

建物の側壁には，しばしば具象的な絵や抽象的なパターンがガラスモザイクを使って描かれていて，単純な図柄ながら色彩上の強調や微妙さを果している．散策者の眼には楽しみであったりまた標識的にも見られるだろう．

グリニーの色彩計画は，その効果が都市計画そのものと密に結びついている点ですばらしい．建築群との結びつきはもちろんのこと，建物外装色と人間の

眼とのかかわりあいが，たとえば広場の位置，各広場に設けられた彫刻と人間とのかかわりあい方，子どもの遊び場としてつくられた人工的な割栗石の山とか逆にすりばち型にくぼんだ施設からの見え方といった，色彩の生き方見え方が空間的な位置の違いのなかでゆききしている．それは選ばれた色彩自体強烈ではないのに実に動的な効果を生んでいるゆえんである．

11.6. 風土の色彩と色彩計画

　筆者自身がたずさわった計画を述べることで，特定の地域の建築の外装色の提案とそれ以前の調査についてのひとつの方法が明らかになると思う．

　1973年，沖縄エキスポの建設工事が端緒についたころ，筆者はカラープランニングセンターの依頼を受けて沖縄県の建築の外装色の提案をすることになった．

　現在沖縄県に建てられつつある一般住宅は陸屋根形式のコンクリート造りが多く，そしてほとんどの家が耐候上，美観上塗装されている．塗装色のための規準と展開の容易さを示すための提案である．提案色をつくる前に，湊幸衛と筆者の二人は調査のため沖縄県に飛んだ．彼の調査は，測色の経験を生かし，その土地にある色彩および色調の計測的な読取りと，また紅型に代表されている沖縄県の伝統的な染織の色を採集することであった．筆者は画家，色彩家の眼で特徴的な色を選び，何よりもその地の色彩を知り，提案のための文脈を探す役目であった．

　われわれが歩いた地は那覇，首里，糸満，本部とドライブの途中で見つけた海岸や集落であった．南国の光は美しい．そして沖縄の海はとくに美しい．樹樹の緑は濃く，散見する花もあでやかに見える．われわれは動き回りながら，その雰囲気その色彩に身をゆだねた．

　風土的にも文化的にも一典型であるその地では，都市と自然の成り立ちが一望しうるかのような尺度で見えてくる．人工的なものの色彩，自然の色彩の二つについてわれわれは色彩の採集を行った．われわれが用いた武器は次のようなものである．色合わせ用の何種類かの色票　カラー写真，写真用のカラース

ケール,干渉フィルター,スケッチ用の色鉛筆,パステル,水彩絵具などである.

人工的なものの色彩は,沖縄の瓦,建築物の古びた木材,サバニの塗料や木部,漁網,紅型,漆器,伝統的な価値のある建物,町中で見られる建物で特徴ある美しさをもっていると判断した外装色から採集した.自然の色は海,砂,土,植物,石,空から採集した.

対象の色は,色票による色合わせが可能な場合は色票で照合し,それが正確にとれない場合は何枚かの色票で類似色を割出し,実際の色はどうであるかを言葉によって記録した.湊がカラー写真で記録する場合は,被写体と同時にカラースケールも撮影し,後での割出しが容易であるようにした.また湊は干渉フィルターを用い,対象と同時に基準色を撮影し,輝度測定が可能であるようにした.われわれは採集しうるものは,現物を集めた.土,砂,葉,樹皮,塗料,建材といったものである.

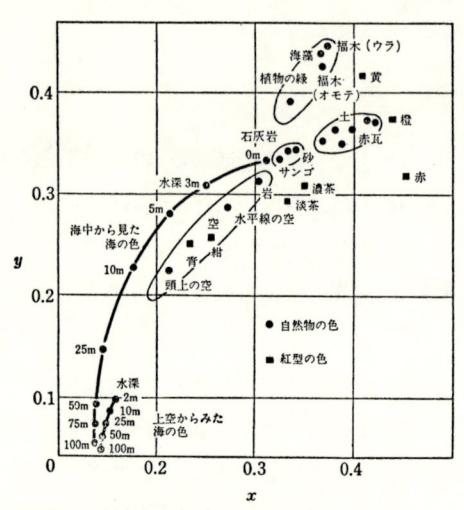

海や空のように実際に変化して見える色調は,筆者は印象をスケッチし,色票から想定しうる色を選び出し,湊は写真測定と輝度測定をした.そして現実に色票化するときは,お互いの方法で選んだ色調の照合を計った.このような操作による色の採集,その土地の現場での判断を混じえた調査は,現実にはそこでの活々した体験の中で行われる.われわれはさまざまな所を歩くとともに,海側からの見え方を調査すべく漁船をやとい,陸地からかなり離れた場合どう見えるか,近よった場合はどうか,また提案色を想起しながらそのような

図 111 沖縄の自然と紅型の色(海の色についてはジャロフのデータを参考にした)(「色彩情報」50号より転載.湊 幸衛製作)

色が海側からはどう見えるであろうかを判断しようとした．

　沖縄の美しい赤瓦は，言葉でいえば単純に赤であるけれども，実際に赤瓦の色を顔料で再現してみるならば，きわめて地味な考えているよりもはるかに暗い色である．エキスポの会場に予定されていた本部一帯の林の中や海岸を歩いているときは，周辺を常に間近に見ているので，建築物の色として想起するものは比較的彩度の高いものであった．しかし，船で沖合へ出て海側から，緑におおわれた本部の海岸線を見ながら想定した色調は，暗い自然色に近い一群の色調であった．沖合から見た緑のなかのビニールの日除けの赤はなんとも嫌であった．しかし，海岸線に見える漁網の赤は美しかった．

　彩度の高い色はむずかしいが，色の選び方による．濁色はその点救われやすい．われわれは海側から見た後，ヘリコプターに乗って空から山や海や町を観察した．陸側，海側から見て全く気付かなかった緑をそのとき発見した．それはかなりの面積にわたって見える特徴的な，光を反射してきらめく灰緑色あるいは灰青色であった．それはパイナップルの葉の色であった．赤い土の色，海のエメラルドとともに，その色は実に特徴的な色で，筆者のパレットのなかに組込まれた．

　このような調査のおかげで，筆者には沖縄の風土的な色彩が空間的な流れとしてつかまえられた．ちょうど，東支那海の水に染まった筆者が，陸の上をつぎつぎと地形的な変化に応じて展開する色調帯をまろび，そしてまた太平洋の水に浸って染まった具合であった．

　この調査の後，採集してきた資料や，照合して得た色票，スケッチの色調からの類推で，顔料を使いつくり出した色数は 200 色にのぼった．提案色となるべき色の組合せは，この 200 色中から選び出した．

　沖縄のなかに身をおいているときは，色彩空間的な体験をしながら，地形上の位置関係に従って想定し設定していた色調がある．しかしそれにしても，もう一度それがどのような見え方をするかを確かめる方法が欲しかった．筆者は自分が再現した色群のなかから，沖縄の地で自分が体験した色彩的空間のなかの移動を表すと思われる，海，海岸，陸，山，そしてまた海の色群を等量の帯

状にして，それをつなぎあわせ一種の絵巻物をつくった．筆者にとってそれは自分の色彩空間的な体験を表すものであった．その絵巻物の上に想定していた提案色をのせ，どのように見えるかを検討した．提案色が背景である等量の帯状の色調群のさまざまな位置で，とび出て見えるかあるいは響き合うか，あるいは色味が変わって見えるかを見たうえで決定した．

　その段階で想定し，決定した色は主調色つまり壁の色である．次の段階で主調色に合い，そして比較的大きな面積にも使われる補助色を決定し，そしてまた次にそれらの色よりも強いアクセントカラーを選んだ．このようにして得た結果は，その後沖繩エキスポのため色彩の調査資料として役立てられた．

　沖繩県での調査提案を色票化し，そしてパネルにしたものが，東京に次いで那覇でも展覧会の形式で発表された．その結果，那覇市内の中心部に建つ大きな外装色の計画が筆者に任されることとなった．その建物の表面積は大きくまた公共的な性格をもった建築物である．自然のなかにあるのではなく，むしろそれ自体が突出し，同時に他の建物の背景ともなる性格をもっている．われわれ，施主，建築家，色彩家は決定までに積極的に話し合った．筆者は何種類かの平面的な彩色された予想図と彩色された模型二点を提示した．

　結局，主調色はコーラルサンドの明るい色とし，補助色にパイナップルの葉の灰青色，アクセントカラーにオレンジ色を採用した．建築家が建物の外装色を考えるときは，量塊としての建築を生かす色彩処理に傾くだろう．筆者は外装絵画，建築絵画と呼びうるような領域で考え，量塊としてのあり方を心にとめながら，建物の性格を強めることになる表面上の処理の変化を考える．色彩がなくとも，建築自体の凹凸はすでに立体的な表現として―色彩家から見ればそれは建築の粗の状態であるが―光と影の遊びを表面に見ることができる．

　主調色が選ばれた後，補助色によってその建築の立体的性格を強めるため，あるいは言葉をかえていえば，建物のもつ動感を明確にするために建築自体の凹凸をきっかけにしたパターンを建築上部に描くことにした．この図形的処理に人は攻撃的な性質を読取るだろう．しかし，それも建築自体の動感にとけこみ，なおかつ色彩的な強調に役立つならば，街の顔としての意味をもつだろう

し，また周辺を活性化することになると思う．

　景観の特質の維持のための外装色の役割と景観の特質をつくるための外装色の役割との二つの面を述べた．それに自然のなかでの外装色と人工的都市的ななかでの外装色の問題である．いずれにしろ，建築の外装色が景観，環境に及ぼす力を知り，われわれ自身の方法をつくらなくてはならないだろう．

　自然を壊さないといういい方は，言葉としては単純であるが，その方法は一律ではない．前述したように，周辺との明暗の差で色彩を考えてよい場合もあるし，対比的に考えてよい場合もある．色彩自体の優劣というものはなく，要は組合せのなかで生きるかどうかが色彩である．

　グリニーに代表されるような色彩計画を見たり，また筆者自身の仕事での経験からもいえるのは，都市計画や建築においての外装色の問題は，色彩処理という日本語が与える単純さ以上に，外装色に造形的な発言を盛込めないならば，建築という公共的でしかも人々を時間的に強制するもののうえでは生きえないだろうということである．　　　　　　　　　　　　　　　　［重田　良一］

Ⅳ 色と文化

12 日本人と色

12.1. 色に対する意識と文化

　色の文化とは，色をどのように意識し，どのように利用するかということでつくられるものといえよう．今日，色といえばすぐに美を意識するほど，色と美は切り離せない．しかし古代での色の使い方を見ると，美しくするために色を用いたというよりは，呪術やものごとの区別のために色を用いたといってよいであろう．

　色を祈禱や呪術のために利用した卑近な例として，白粉の使用がある．現在では白粉は顔を美しく粧うためにあるが，古代では人間でなくなり神に扮するためのものであったという．白粧の語源が［お白い］であってみれば，白くすることによって異常さや清らかさ，神聖なものを象徴したことになる．

　赤もまた祈りや呪（まじな）いのためによく用いられる色である．赤い色をしたものには血とか火があり，そのために赤はけがれや恐れ，激しさなどを連想させる．未開民族が呪術的な目的で赤を多用することから，原始時代にあってはとくに赤を色として意識的に用いたことであろうことは想像にかたくない．日本では赤い褌が海中安全の呪いとして用いられたという．赤い褌をしていると，海中で鮫に襲われないのだそうである．

　自然のなかにあってふだん見なれている色は，空気と同じように，色としての意識はかなりうすいものと思われる．ところがふだん見なれている色に対して目立つ色が現れた場合は，その色は色として非常に強く意識されるに違いない．緑一色の自然環境では赤が非常によく目立つことも，赤が色として意識さ

れやすい色となるひとつの原因であっただろう．いずれにしても赤という色概念は非常に古くから確立されていたことだけは間違いない．

　色に対する意識の起こり方を問題にするとき，よく婚姻色，戦闘色，種族区別色というようなことが話題にのぼる．鳥では周知のようにほとんど雄の方が派手な色をしており，とくに繁殖期において著しい．人間でも恋愛時，戦闘時，あるいは種族区別のために，色を目立ち，あるいは区別のために用いたであろうことは，十分想像のできることである．そして色を意識的に利用しようとすれば，眼に見える自然の産物を手あたりしだいそのままの形で用いたものと思われる．このことは今日でも草木，花，羽毛，獣皮，貝，石などを好んで装飾に用いたり，それらの名がついた色名がたくさんあるということからも推察できる．

　しかし，日本での色に対する意識の起こり方のひとつには，薬用植物に対する信仰とそれらによって染められた色との関係があることも否定できない．薬草は健康を保ち，病気に対して効果のあるものである．このことから，これらの溶液に布地を漬け，衣服に仕立てて着れば，やはり無事息災であろうという考え方も生まれる．野良着に藍染を使うのは，まむしが藍を嫌いしかも汚れが目立ちにくいという点にあるという．紫染の蒲団が健康に良いとか，幼児の産着をう金で染めると蚤がつかないというのも同様の例である．色に対する意識の起こりを，直接生きていくことと結びつけて説明することは自然であり，妥当性の高いことかもしれない．

　これとは別に，ある色がある状態のときに起こるものであれば，色はその状態を示す記号となりうることも，色に対する意識の起こりを説明する材料となろう．たとえば，白い荒涼とした冬景色から木々が一斉に若葉を芽吹かせ，花を咲き乱れせるようになれば，誰でも春がきたことを強く意識するに違いない．色の変化や色のもつ意味が理解されてくれば，色に対する意識やその利用の仕方も広がってくることであろう．色意識の起こりがまず自分自身や身の周りから始まり，経験や知識が集積されて，色利用の仕方も多彩になるのは当然の成り行きである．そして社会的に色に対する意識と色利用の仕方が定まって

くるとき，色の文化ができあがると考えられる．

12.2. 日本の色

　色は人の心に働きかけ，種々な感情をかもし出す．色の使い方を見れば，人間の性格や情操を推し測ることができるほどである．民族や時代によってある固有な色の使い方を認めることができるのであれば，われわれはそれを民族の色あるいは時代の色とよぶことができよう．このようないい方が許されるのであれば，民族の色あるいは時代の色というものはその民族の文化や時代の性格を表しているものといえる．

　日本人の色彩感覚や日本の色については，すでにいろいろな議論がある．それも直接色と関係する絵画，染織などの芸術的分野以外に，文芸，芸能など多方面の分野にわたって論議されている．色という話題はそれだけ広く文化一般とかかわりあっているのだろう．しかし，これらの論議は主として次の四つの観点に立ったものが多いようだ．　その第一は故実あるいは文献にもとづくもの，第二は言語学の立場から，第三は表現様式ならびに技法から，第四は日本と外国との関連，とくに西洋文化との比較から論じられたものである．さらにここでよく話題にされるものは，日本人の特殊な美的感覚や精神性である．代表例としては精神表現の芸術としてみられている水墨画があげられよう．矢代幸雄は水墨画について，色彩を拒絶した墨色の世界であるがゆえに，無限の色を感じさせ，外観美を排した自然描写の深化と造形的構成に肉迫した真相が得られるとしている(「水墨画」)．渋さの感覚も日本特有のものである．上村六郎は単純な色に少し黒を加えて出したくすんだ色と複雑な色合いからくる灰色みとの区別がわからないようでは渋さの感覚がわからないという(「日本の色彩」)．色彩学的な解釈では何を意味するのかはっきりしない．いずれにしても色彩学的な解釈を超えている．仏教のいう欲界，色界，無色界にちなみ，無色界に精神の安定を求める日本独特の考え方が潜んでいる．

　われわれが過去の色の使い方を知ろうとすれば，過去の遺産から色を判断する以外ない．しかし実際に残された遺物を見ても，その色がつくられた当時の

ままであるかどうかは疑問である．色は多かれ少なかれ時間がたつにつれ褪色したり変化したりするからだ．現物を見て良いと感じても，古色がついてのうえの良さかもしれず，つくられた当時はもっと鮮やかで毒々しかったかもしれない．

　現物であってもこのような不安があるくらいだから，文献などから正確な色を得ようとするとなおさらむずかしくなる．延喜式は平安初期の年中儀式や制度がわかる律令の施行細則だが，古代の染色について知りうる最も信頼のおける文献のひとつとされている．このことに関し，京都で代々，草木染を家業としている竹内庄造が語るには，延喜式の内容はあまりあてにならないということであった．氏が延喜式にのっとって古代の染を復元しようとしたときの結果では，延喜式に記されているような色は出なかったという．これに対する氏の推理は，当時の染屋が口銭稼ぎに偽って必要以上の染色材料をもらいうけたことにあるのではないかというのである．専門家でなければ職人のいうまま，あるいは伝聞をそのままうのみにして書くということは当然考えられることであり，粉飾もあったかもしれない．さらに専門家であっても，秘伝のようなものについては事実を伏せるということはありうる話だ．まして科学が発達していなかった時代に，発色がそのときの情況によって左右されるようなことがあれば，精神論や観念論におちいることだってあろう．色の再現を表現様式や技法などから推測できても，判然としない部分も残る．結局，頼りにできるのは事物にあたってそれがどういう材料でできているか調べる以外ない．

　先年，機会を得て，二条城で襖絵を模写しているところを見たことがある．このとき模写しようとする色をどのように再現するかを聞いたところ，原画の絵具の色と粒子径から模写しようとする色の絵具を割出すというのであった．これに対して少なくとも写真的な感覚で実物を模写するというのであれば，原画の色と全く同じ色さえ得られればどのような絵具を使ってもかまわないはずである．絵具の粒子径まで実物通りにそろえるということは考えもしないだろう．ところがこの模写は，現実の色を写すというのではなく，原画に使われている絵具の材料と全く同じ絵具を用いて描くために粒子径を調べるというので

ある．絵具の色と粒子径からすぐにもとの絵具の内容がわかるというのは，当時使われた絵具の種類が限定されていればこそできる話である．正確な色の復元ということからいえば，当時使われていた材料と全く同じ絵具を使うにこしたことはない．もっとも，実際の模写ではこの絵具を焼いたりして若干古色をつけるようだ．

　日本の色を色の多様性あるいは種類ということで色材の面からながめてみると，その数は決して多くないことに気付く．とくに日本画で代表される顔料系の色は，染織の場合よりいちだんと少ない．日本画の絵具に詳しい東京芸術大学の小口八郎も日本画が色の多様性に乏しいと指摘している（「日本画の着色材料に関する科学的研究」）．この背景となる理由には，日本画が西洋画よりも顔料の種類や技法に制約があって，基礎的な訓練にかなりの時間を要するということがある．しかし日本画家，たとえば福田豊士郎は，「日本画の絵具はその性質上，日本人の体質にあった光沢のない渋いしっとりとした視覚に快い感覚をもったものです．油絵も近年は油の光沢を押さえた色感のものがよくありますが，絵具の感じは密度の濃い油質が残っていて乾燥後も濡れたような目に反射する光沢をもっています」と書いている（吉岡堅二他：「日本画の技法」）．東山魁夷は，「日本絵具は堅牢で厚みがあり，深みのある表現が可能である」と記している（「日本画の技法」）．さらに福田は「絵画は色彩によって眼の錯覚を利用して表現するもので，写実以上の真実の美，見た通りの表現でなく，知っているもの感じたものをとり出して描く」というようにいっている（「日本画の技法」）．これについては，水墨画の墨一色ですべての色が出せるような技とも通じており，何を見たかを描くよりむしろ何を感じたかを描くという，芸術的印象を尊ぶ精神がみられる．また，古くから混色はなるべく避ける態度も多くみられ，ヘンリ・P・ブイは日本画の技法について，初めにつけた色のそばに次の色を塗って新たに別の色が生じることを極力避けなければいけないということを書いている（ヘンリ・P・ブイ：「日本画の技法」）．これは二つの色が二つながらコントラストの妙を失い，効果を失い，調和を欠くからであると説明している．

桃山時代から寛永年間にかけての建築物や障屏画の色を実際に調べてみても，色の種類が意外に少ないことがわかる．これらの美術作品は日本美術のなかでも豪華絢爛，極彩色といわれているものである．そこに使われている色は群青，緑青，朱，弁柄，黄土，胡粉の類と墨，金，銀の色で，いわゆる岩絵具，土(泥)絵具，箔泥を使って出された色である．しかもこれらの色はほとんど原材料そのものの色に近く，恣意的な色を出すために絵具を混合したという形跡はあまりみられない．混色したとみられる色の領域は，わずかに青と緑の間の色相，微粒子系の絵具を混色してできる暖色領域，それも主として茶系統の色である．

12.3. 色料からみた日本の色

現在われわれは，6色ぐらいの絵具があれば，これらを適当に混ぜたり薄めたりすることによっていろいろな色が出せることを知っている．これが写真や印刷，テレビジョンになると，わずか3色か4色の色であらゆる色を出しているわけである．このような基本となる絵具の数が少なくとも，絵具を混ぜればどのような色でも得られるという，一見何でもないようなことが実は問題になるということを記してみたい．とくに昔は好みの色をどのような材料で発色させるかが重要な問題であったからである．

日本画に用いられる岩絵具は，群青は藍銅鉱，緑青は孔雀石というように，原石を粉砕，水簸(ひ)，精選してつくられたものである．ところが，絵具の色を濃くしようとすると，粉砕したときの粒子径をあまり細かくすることができない．細かくしてしまうと，たとえば群青が白群に，緑青が白緑になるというように，微粒子になればなるほど，光の散乱が増して白っぽくなってしまう．一方，細かく砕けば砕くほど，同一量の原石であっても塗布面積を広げることができる．しかし，濃色の絵具にしたければ粗粒子にしなければならないから，原石自体も高価ということもあって，単位面積あたりの塗布費用はいっそう高いものにつく．いいかえれば，濃色の絵具は大事に扱わなければならないことになる．ただし，時代がくだるにつれて，顔料の粒子径は微小化してきている

ことは事実である．

　さらに，絵具を使って混色しようとするとき，粒子径と比重を同程度のものにしなければならないという制約がつく．もし，粒子径と比重が異なるようであれば，混合したときに軽いものが浮いてせっかくの混色効果を減少させることになるからである．群青と緑青の場合は粒子径をそろえれば混色可能である．しかし，原石には藍銅鉱と孔雀石が両方同時に存在していることが多いため，粉砕する時点で青と緑を混色させた形の絵具ができ，しかも単独の色をつくるよりは安くなる．わざわざ，単色の群青と緑青を混合するよりは，希望の色の絵具を選ぶ方がよい．ところが，暖色系の絵具の多くは水銀朱のように微粒子にしても十分鮮明な色が得られるから，混色できる条件を備えているといえる．しかし，高価なさんご末（まつ）とか朱に他の絵具を混ぜ，わざわざ色を汚すということはあまりしない．結局，混色に用いられる色料は弁柄，黄土，胡粉というような土絵具となり，絵具の混ぜ合わせでつくられる色は主として茶系統の色ということになる．

　しかし，この他に絵具の混色方法がなかったわけではない．たとえばたらしこみとか具（ぐ）とかいうような手法である．たらしこみ技法は宗達，光淋などの絵によく出てくるのでなじみ深いものと思われる．画に墨を落とし，墨の乾かぬうちに水とか白群などの絵具をたらす技法である．墨が乾かぬうちにたらしこまれた水や絵具によって墨が周囲に広がり，輪郭が濃く中がにじんだような格好となる．にじみという形の墨との混合である．これに対し具は明清色を得る手段であるが，胡粉と朱を混ぜたものを朱の具というように，胡粉と顔料の混合を指している．しかし，具が盛んになったのは江戸中期以降とされ，比較的新しい手法である．時代が下がって江戸時代になると絵具も微粒子化してきたので，このような用法も生まれるようになったのであろう．ここで胡粉といっても必ずしもハマグリなどの具を焼いてつくった炭酸カルシウムを主成分とする白い粉だけでなく，鉛白をも胡粉とよんだらしい（藪内清編：「天工開物の研究」）．

　以上のように日本画では絵具を直接混ぜて任意の色を得ようとしても，色材

的な制約があって，限られた色の領域しか出せない．またこのような手法で色を出すということは滅多にしないし，好まれなかったともいえる．そこで考えられた手法が重ねという技法である．絵具をつぎつぎ重ね盛って下地と上地の関係で複雑な色合いを出す技法である．たとえば，下地に青をおいた場合，上から赤や黄をかけてやると紫や緑の色合いが得られる．陰ぺい力の小さな胡粉をかければ，胡粉の盛り上げ方によって下地の透き加減が調節できる．しかしこの方法だと，絵具の粒子が色によって異なるから，十分遠く離れれば一様な色となって見えても自然ときめがでて，材質感が伴う．また幾重にも重ねられた色は光の反射や透過，屈折，吸収によって複雑な色感覚がかもし出され，深い重厚な感じとなる．

日本画では顔料を膠で止めるだけであるから，西洋画のように顔料の間に展色剤が埋まっているのと違って，空気中に顔料が浮かんでいる構造となっている．したがって，光沢は色材そのものによっているだけで，展色材による光沢の効果はなく，光の散乱によって一般に柔らかい印象を人に与える．しかも絵具の直接的な混合には制約があるから，いきおい絵具を重ねて好みの色を出そうとする．おのずと材質感に富む画面ができあがるというわけである．重ねの手法によらないで色のぼかしを試みようとすれば，墨とか微粒子系の絵具に限られる．これら以外の絵具で，たとえば濃い色から薄い色にぼかしていこうとすれば，濃い色から薄い色へ順に段階的な色の分け方で塗る，いわゆるグラデーションの形をとる方が都合よい．日本で暈繝（うんげん）とよばれる技法が発達したのも，ひとつは色材の性質からきているといってよいだろう．

この点，染織の方がいたって自由度がある．染を重ねていけば，減法混色に近い発色が得られ，織糸を変えれば，中間混色が得られる．日本の染は今日でいう草木染であるが，ほとんど植物染料によっているためこの名がある．動物系染料としてはコチニール，貝紫，五倍子ぐらいしかない．ほとんどの植物が草木染の材料となりうるが，京都の竹内は天然染料を1級から3級に分け，1級を堅牢度が高く染料分の多いもの，2級を薬用染料，3級を堅牢度があって染料分の少ないものとしている．1級に属する染料はインジゴ，茜，梅，刈安，くちな

し，丁子木，蘇芳，コチニールなど，2級はうこん，きはだ，紅花の類とする．

　草木染の堅牢性については一般に合成染料より劣るとされているが，実際には染め方の悪さからきているともいわれている．竹内は，(1) 日光や摩擦に対して堅牢であり，とくに淡色に対する褪色性が非常に優れている，(2) 酸に弱く，変色しやすい，(3) 配色がしやすい，つまりどのような色と組合せても違和感がない，(4) 染色後，時間がたつほど色に奥行きが出て，配色における調和感を増す，という4項目を草木染の特徴としてあげている．

　草木染で出せる色の範囲は比較的狭く，赤紫から黄にかけての暖色領域，とくに茶系が多く，青は藍で代表される色がほとんどで，紫はむらさき草の根あるいは赤と青のかけ合わせ，緑は黄と藍のかけ合わせで得られる．したがって，緑は低彩度の色しか出ない．暖色領域は比較的高彩度の色が得られ，必ずしも鈍くない．落着いたよい色である．しかし色によって染料がだいたい決まってくるので，赤，黄，青というような染料でどの色も出すということはしない．

　草木染の最も大きな特徴は，分光反射率曲線がゆるやかなために，合成染料で染めた色と違って，照明光を変えても色の見えが変わりにくいことである．いわば色が常に安定した見え方になっている．

　漆芸の場合は，色料は日本画と同じものが使われるが，膠の代わりに漆を用いているため，どうしても暗い色になりがちである．したがって，日本画よりはるかに色の領域が狭い．金属とか貝などを用いて色に変化をつけることが必要になってくる．

　日本人は色に対して繊細で微妙であるという．暖色系統や鈍めの色に対して色名が多いこともこの事実を裏書きしているといえよう．しかし，色料から見た日本の色は染織がいちばんカラフルで，顔料から出された色は多様性に乏しいのが実情である．要は配色の取合せ方が優れていたといえるかもしれない．

　これに反して，西洋画では，顔料を細かく砕いて微粒子とし，これと油を混ぜて絵具とするので，画面には光沢があり，どのような色も絵具の直接的な混合で出される．もし希望する色が得られない場合は，人造顔料をつくってでも希望の色を得ようとする．きめの感じも色で表現するわけである．

日本画では自然の材料を生かし，場合によっては高価な素材を使ってすべての色をまかなおうとする．顔料粒子の大きさは色によって変わり，したがって材質感まで考えた色の出し方になる．しかし，色の種類は色材によって制限されるという結果になる．よくいえば，日本人は自然物を素朴な形で利用することにたけていたし，色を正直に使っていたといえるかもしれない．これを裏返せば，色料自体の色から離れた色を，絵具の混合とか他の手段，たとえば人工物をつくってまで出そうとする意欲がなかったともいえる．

このことは，色相環（色円）とか色立体というような，物の色から離れた色と色との近縁関係を問題にする色自体の抽象的思考を遅らせた最大原因であったような気がする．日本人が色彩体系を知ったのは明治以降の色彩学の輸入からである．色の秩序づけは物から色を切り離さないかぎり生まれてこない．この背景として，西洋画が顔料を微粒子にした絵具をもったということをあげてみたかったのである．日本人が色彩に濃淡をつけず面として空間を表現する技法を生んだということ，またグラフィック的，あるいは装飾的な技法をよくするといわれるのも，この辺に原因が隠されているような気がする．

12.4. 色名と色概念

色とよばれるものには数多くの種類がある．赤い色，青い色，明るい色，暗い色，鮮かな色，鈍い色といった具合である．色に違いがあるから違いを区別する言葉がある．またそれぞれの色を表す言葉がある．

一方，正常な眼の持主なら700万から800万ぐらいの色を見分けることができる．いいかえれば，色の世界は700万から800万ぐらいの色から成り立っているということができよう．このような多くの異なった色にそれぞれ独立した名前を与えるとなると，色名もこれに対応する数だけいることになる．しかし，色名の数は見分けられる色の数に比べると非常に少ない．このことは色名を100以上も知っている人が滅多にいないことからもわかる．色名の数があまりにも多いと，第一，色名を覚えるだけでもたいへんだし，混乱を招くことになる．色を系統的に分類した形でいい表す方がはるかにわかりやすい．たとえ

ば，赤，橙，黄，緑，青，紫，茶，ピンク，白，黒，灰というような11種類の基本的な色名（一般色名）である．これに程度あるいは比較した形の修飾語を併用すれば，さらに描写が細かくなって十分実用にたえる．すなわち，赤み，黄ばんだ，緑っぽい，青みがかったというような基本色名を形容詞化した言葉と，明るい（白っぽい），暗い（黒っぽい），さえた，にぶいというような形容詞，非常にとかややというような程度を示す副詞の例である．色の弁別からいえば，色名は色をおおまかに指示する言葉で，その表す色の内容には幅があり，計量的な表し方からいえば，かなり大ざっぱなものということになる．しかし直観的でわかりやすいという特徴がある．

　色名というものは，そもそも言葉で色を表そうとするものだから，色名で最も重要なことは，どのような言葉を使ったら最もよく色を表せ伝えられるかということである．とくに言葉だけで不特定な相手に色を伝えようとするのなら，言葉から容易にしかも的確な色を連想できるように工夫しないとまずい．そのためには話し手が相手に伝えたいと考えている色と同じ色をしたもの，あるいは非常によく似通った色をしたものを引合いに出して説明することが最も便利なことだろう．ここで引合いに出されたものが相手に通じない特殊なものであれば，色を表す言葉としては意味がない．色を最もよく説明できるようにするには，なるべく一般性のある誰でもよく理解できるような事物を引合いに出す方がよい．もし色に名前をつけようとすれば，その色をもつ代表的な事物の名前を借りてそのまま色の名前とする方が都合よいことだろう．空色とか肌色というような慣用色名とよばれるものの起こりはおそらく今述べたような事情によるものと思える．その証拠に慣用色名には，たとえば鉱物では宝石，顔料，植物では花，果実，葉，動物では鳥というような，そのものずばりの色を表す名前が多い．しかし外国から入った名前には本来の意味と違った形で使われているものがある．たとえばカーキ色をみてみよう．戦時の経験をもつ人なら，おそらくオリーブのようなくすんだ緑色を思い浮べることであろう．いわゆる軍服の色として覚えているからであろう．しかしカーキ色のカーキがペルシャ語の土埃が語源であると知るとき，ベージュに近い土色が正しいように思

われてくる．色相からいえばずいぶん異なっている．

　色名がどのように起こったのかという問題はこのことだけでも興味ある問題である．色を相手に正しく伝えようとするとき，どのようにして相手に色を理解させようとしたかが読取れるからだ．世界各国の色名を比較してみればわかるように，同一人種の国の色名はかなり似通っている．語根の等しいものをたぐっていくと，そこにおのずと系列ができ，色のうえでの文化圏が描ける．そしてまた色名の成り立ちもみられるのである．

　色を表すときの便宜さからいえば，一つは日常よく使われているものに重点をおいた色名の分布と，知覚的に等歩度な色空間のなかで均等に色名が分布しているものとの二つのいき方があるように思える．似たような色であっても，意識的に修飾語句をつけず，言葉のうえでの類似性をもたない別の名前をあてることがある．これは特別に名前を与えて他の色と区別している点でその色を特別扱いにしていることを意味する．このいき方は前者に多くみられる．これに反し，どのような色でも色の違いをはっきり示すための系統的な表し方をした名前の付け方は，科学的な色の取扱いをするのに便利であり，後者のいき方に相当する．慣用色名は前者的で，一般色名は後者的であるともいうことができよう．

　色に関する語彙がどのくらいあって，色名の分布がどのような色に偏っているかを調べることは，色に対する見方あるいはとらえ方を知るうえで大いに参考となる．これを他国語と比較するとき，その国での色彩感覚的な特徴が浮きぼりにされる．国立国語研究所が出している資料集のひとつに分類語彙表がある．このなかで色に関する言葉は体の類と相の類の両方に収録されている．どちらも全く同じ名前の項目，光と色の二つに分類されている．光の項目をみると，体の類では輝き，明るみ，くらやみ，濃淡というような言葉があり，相の類ではきらきら，明るい，暗い，はっきりといった状態を示す言葉が収録されている．一方は名詞，片方はそれを形容詞化したものである．色の項目には，体の類で16あまりの内容に区分されている．すなわち，(1) 色，色彩というような観念的な言葉，(2) スペクトル，原色というような成分に関係した言葉，

(3) 白と黒に関する言葉，(4) 赤系の色名，(5) 茶系の色名，(6) 青系の色名，(7) 緑系の色名，(8) 黄，橙系の色名，(9) 紫系の色名，(10) 灰色，濁色系の色名，(11) 金属色の名前，(12) 彩りの様子を示す言葉，(13) 顔色というような様相を示す言葉，(14) 異彩というような目立ち方を示す言葉，(15) 褪色，着色というような色のつき具合を示す言葉，(16) 汚染というようになっている．これに対し，相の類の色では色の状態を示す形容詞が多く収録され，その内容は体の類と似ているが，数は少ない．

　色に関する語彙が多いということは，色についての表現が豊富で，それだけ描写が細やかであるということができよう．このことはまた，現象としての色の見え方，観念としての色のとらえ方，色そのものの概念というようなものを端的に示しているように思えるのである．

　白は新言海によると［著(しる)き色］の意とある．また黒は暗(くら)に通じるとし，沖縄にてクル，コ(濃)イロ(色)の約転，朝鮮語でコムウルと書かれている．語源がこのようなものであるとすれば，白と黒は色の傾向を示したものから，その極端な状態の色を表す言葉に変わったということになる．

　赤についてはくろ(暗)の対で原義は明とするものが多い．類似の言葉としては，アケ，アカキ，アカリ，アキラメ，アカシ，アカルキなどがある．赤が明(あけ)を語源とするのであれば，白はその極端なものであるから，その関係がどのようになっているかが気になる．もし日の出，夕日あるいは太陽そのものの色ということになるのであれば，これは明るさそのものと朱のようないくぶん黄みがかった赤ということになろう．今日われわれが赤といっているものがいわゆるカーマインの色に近い色を指していることからみると，語源的には，現在の赤は紫側にずれた色相となっている．赤が特定の状態あるいは現象を指示した起源をもっていると考えられることに興味がひかれる．

　これに対して黄と緑は事物そのものの色から名前が起きているという．黄は黄蘗(きはだ)の樹皮の色から，あるいは染料の原料としての染木(そめき)の意味からともいわれる．緑は翠鳥(そにどり)色の略称か瑞々(みずみず)しい，あるいは水色の約転かともいわれている．ところが青に関してははっきりしない．

しろ(顕)の対の漠を表したものとする説が有力で，本来は灰色がかった色を指すらしい．馬の毛にアヲというのは蒼であって，実は灰色であるという意味のことが故実叢書にのっている．青が灰色と似た関係にあるというのはアリストテレスの考え方に通じており，東西似たとらえ方をしたところがおもしろい．

このようなわけで，上代日本語で固有の色名と考えられるものはアカ(明)，クロ(暗)，シロ(顕)，アオ(漠)とすることが多い．今ある基本色名を形容詞化した場合，これらの言葉の語尾にイをつけて不自然に感じない言葉である．すなわち赤い，黒い，白い，青いは不自然ではないが，黄い，緑いとはいわない．大野晋もこれら4語が上代日本語のなかで純粋に色名という色を付してあげることのできる語であることに賛成している(大岡信編：「日本の色」)．しかし，これら4語の成立を光の感覚に求め，明暗，顕漠という2系列に収めて考えることには，アクセントの観点から疑問があるとしている．日本語の色名の起源で現在不明の白を除いてすべて染料，顔料による命名とみるべきではないかというのが大野の主張である．

もし，赤，黒，白，青が白↔黒，赤↔青という組合せで考えられたとすれば，白↔黒は無彩色の，赤↔青は有彩色の，それぞれ基本的な色ということになる．しかし白が目立ち方を表し，赤が光を意識したとすれば，目立ちと明るさを区別したことになる．色彩学的にいえば，白は赤よりもはるかに明度が高い．明度の高い色は一般に明視性が高い．しかし，赤のように暖色系の純度の高い色も目立つ色である．正確にいえば誘目性が高い．白が表す意味として清浄無垢，透明という内容がある．白の語源を[著き]あるいは[顕]にするかは別にして，最も明るい色というよりは異常な存在としての色として意識されていたようにみえる．白が自然に存在するものとしては，雲，雪，氷，石灰岩のようなもので，紙や布は後世のものである．明るさを光と結びつけるとすれば，赤から黄にかけての色の方が結びつきやすかったのかもしれない．

色彩を表す漢字には具体的なものをとらえたものが多いと藤堂明保はいう．白は象形的にはシイやドングリの実で外皮をむいたときの色としている．黒は火の上に煙突がかたどられていて点々と煤が着いている様(さま)を表している

のだそうである．赤は［大＋火］，黄が［光＋火矢］の会意文字ともいう．白については別にいくつかの見解があり，日に入射光を示すノがついているという説もある．少なくとも漢字の白と黒は色の三属性でいう明暗とは関係ない．

　ところがヨーロッパ系の言語では様子が違う．白を表す英語の white が hwit で輝くという意味の kwet に結びつく．また英語の bleach（白くする）や仏語の blanc（白）が blac を語源とし，英語の black（黒）が blaec を語源とするから，両者は非常によく似通っている．しかもこれらの言葉の語源をさらにさかのぼってみると，yellow（黄），blue（青）とも関係のある bhel- という語根にたどりつく．輝く，燃えるという意味の語根である．これに対し赤は語源的にも赤の意味となっている．

　言葉の起こりからみると，白が明るさ，あるいは光の連想と結びつくのは，インド，ヨーロッパ語系の言語である．これに対し日本語の白が明るさと結びつかないところに色彩感覚の違いを感じさせる．

　文化あるいは言語体系が異なると，用いられる色名とか色語彙の数が違うことがよくある．このことに関するバーリン（B. Berlin）とケイ（P. Kay）の2人の研究を紹介してみたい（Berlin and Kay: Basic Color Terms）．すなわち，彼らが各言語について基本的な色彩用語の種類と数を調査比較したところ，色に関する言語の発展段階としては7段階あることが判明したというものである．基本的な色彩用語に対応する色のカテゴリーは，赤，橙，黄，緑，青，紫，ピンク，茶，白，黒，灰の11種類である．

　第一段階は白（明るい），黒（暗い）という二つの色彩用語しかない言語であって，ニューギニア，コンゴあたりの土人語が例にあがる．

　第二段階は第一段階に赤が加わった段階である．アフリカの土人語に該当するものがある．

　第三段階は第二段階に緑か黄のいずれかを表す色彩用語をもつ段階である．ハヌノー語，ソマリ語，トンガ語などがこれに該当する．

　第四段階は第三段階に黄か緑が加わった段階である．いいかえれば，白，黒，赤，黄，緑の五つの基本的色彩用語が含まれている．アパッシュ語，エス

キモー語の類である.

　第五段階は第四段階に青を表す用語が加わったものである. 北京語, サマル語などがこれにあたるという.

　第六段階は第五段階に茶色が加わった段階である. バリ語, ジャワ語, マラヤ語がこれに該当する.

　第七段階は第六段階に紫, ピンク, 橙, 灰あるいはこれらの組合せたものが入る段階である. 日本語, 英語, ロシア語, 広東語など多くの言語がこの段階に属している.

　以上の7段階を図式化すると, 次のようになる.

$$\begin{array}{c}白\\黒\end{array} \rightarrow 赤 \rightarrow \begin{array}{c}緑 \rightarrow 黄\\黄 \rightarrow 緑\end{array} \rightarrow 青 \rightarrow 茶 \rightarrow \begin{array}{c}紫, ピンク\\橙, 灰\end{array}$$

　彼らのいい方からすれば, 一言語中に含まれる基本的色彩用語の種類の数を調べることにより, その言語の色に関する発展段階がわかることになる. ここで, 日本語の色名の起源と対照させてみるとおもしろい. 白, 黒, 赤, 黄, 緑までは不確定なことが多いが, 曲がりなりにも語源を推測できる. しかし, 青の語源が不確定であることは, 色概念として確立するまでに数段階あったことを想像させる.

　現在, 人に色の種類を問うと, ニュートン以来の伝統か, 色彩学の影響か, 虹の7色あるいは赤, 緑, 青というような原色をあげてくることが多い. 白と黒というのが色概念としては基礎的な段階であること, 橙, 紫よりも茶が先行した段階であることに意外な感じをもたれる人もかなりいることと思われる. 正色, 間色という言葉があるが, 橙, 緑, 紫という色は混じった色と感じることが多い色である. また茶色は色彩学的にいうと橙の色相であって, 代表的な色相の色としていないことが多い. この段階からすれば, 緑と茶の段階があって, 純色的な橙, 紫があとにきている. 混じった感じの色があとの段階にくるとすれば, 色概念が進化してきて色の分化を明らかにしてきたと説明できる. ここにいわれている進化の過程はこの意味でもおもしろい. そしてピンクとか茶という色が, 心理的には準色相的な扱いをしてよいことを示唆しているよう

12 日本人と色

に見受けられる．

今日，色の原色というと赤，緑，青とすることが多い．加法混色してできる色の範囲が最も広くなるものほど原色としての役割が増してくる．色覚的にはともかく，赤，緑，青はこのような可能性をもった色という意味にとる方が自然である．古代中国で基本的な色とされている正色の種類は，青，赤，黄，白，黒であるが，それぞれ木火土金水という万物組成の元素である五行に配されている．しかしこれは色彩学というより観念論と受取るべきであろう．

色の成分についてふれたので，ギリシャの場合を記しておこう．アリストテレスの色彩学はテオフラストスの作ともいわれているが，火，水，空気，土の4元素につれそう色として白，黄，黒の三つを単一色としてあげている．プラトンは白，黒，輝き，赤の4種，デモクリトスは白，黒，赤，緑の4種を色の成分としてあげた．

しかし，アリストテレスは［感覚と感覚されるもの］と題する自然学小論文集のなかで，色は限界(表面)そのもの，あるいは限界においてあり，すべての色の発生は白と黒の割合比によって決まるという．このことは白と黒があたかも水素と炭素のような原子であって，白と黒の並置の仕方(結合状況)と解釈すれば，炭化水素のような分子によって色が生じるといいなおすことができる．もちろんこじつけには違いないが，色料の多くが有機化合物であることは，アリストテレスの考え方もまんざらではない．アリストテレスは白と黒の並置比が通約できるような数えられる数の比(たとえば2対3とか4対3)の関係をもっている色が，音楽での協和音のように最も快いと思われる色，たとえば紫，深紅となるというのである．このような色の種類は味の種類と同じ7種であって，白，黒，黄(金)，深紅，紫，緑，青とする．このほかの色はこれらの七つの色の混色によって生じるというのである．化学での化合と混合を指しているようでおもしろい．

測色学では色を光のスペクトルでとらえる．スペクトルのパターンが色を定めるのである．ここには分光反射率とか分光透過率というような分光分布が対象となる．ここで照明光の分光組成を考えないことにすると，物体色の特徴を

定めるものは分光反射(あるいは透過)率である．明るいものほど反射率が高く，透明なものほど透過率が大きい．スペクトルは可視光線を分光したときにできる単色光の強さの割合できまる．測色学でスペクトルを考えるということは，単色光の強さの割合，いいかえればその成分の白か黒の割合を考えているといってよいだろう．このような見方に立てば，白と黒という概念が色彩学において重要な役割をになっているといえよう．　　　　　　　　　［湊　幸衞］

13 画家と色彩

われわれは自然のなかに，数限りない美しい色を見つけ出すことができる．人間はこの美しい色を自からの知恵でつくり出し，その色彩を使って人類の文化を彩り，豊かなものに築き上げてきた．現在，われわれは多彩な色に囲まれて生活している．ここまで，色についての基礎的な問題や，興味ある問題について，さまざまな角度から述べられてきた．近年，とくに幅広い分野で，色に対して高い関心がもたれるようになったが，とりわけ画家にとって色彩は，人間が絵を描き始めたときから切り離すことのできない問題である．画家は色彩を駆使して自己のイメージを表現する．画家にとって色彩は己を語る言葉のようなものである．人間はいつの時代にも美しいものにあこがれ，美しいものを求め続けてきた．美に対する感動は，人間にとって根源的な悦びであり，生き甲斐である．先史時代から今日まで，人類は絵を描き続けてきたが，各時代，各民族によって描かれた絵画には，おのおのそれにふさわしい表現がなされている．鮮やかな色の絵具がいつでも手に入る今日では考えられないことだが，まだ色材が不十分だった時代の人々が，意にかなった表現を果たすために苦心惨胆したであろうことが忍ばれる．このようにして生まれたかずかずの名作は，人類の大きな遺産であり，われわれはそれを通して，その時代や民族の文化に接することができると同時に，作者の情熱と才能によって表現された美しさに心を打たれるのである．

13.1. 描画技法の発展と色

先史時代に描かれた洞窟画にもすでに色彩は使われている．自然の岩肌に対

して，できるだけ明瞭に識別できるような画材が，自然のなかから選ばれている．主として鉄分やマンガンなどを多く含んだ赤土や黒土，植物や動物の骨を焼いてつくった炭などが使われているが，これらの顔料は現在でも絵具として主要なものである．また描いた絵をより永い期間保持するための固定剤として，動物の血液や脂肪，骨髄などが使われていたといわれる．永い年月の間に，描画の表層に薄い石灰岩の層ができて描画が保護されているものもある．これらの絵は主として，呪術的な儀式のために描かれたとされているが，きびしい大自然のなかで，動物たちとたえまない闘争を続けていたであろう当時の人人の律動的な緊張感が見事に表現されている．動物の形に対する深い観察と理解がなければ，これほどの表現に達することはできない．それは必ずしも対象をありのままに再現しているわけではなく，動物の姿勢はほとんどが横向きに描かれ，角は正面からの形が描かれている．これは動物の特徴をつかむのに最も適した表現の方法である．当時はまだ空間の概念や，美意識といった概念も未分化であったとしても，そこには描いた人々の鋭い眼が感じられる．まだ色彩的には乏しいが，これら洞窟画は絵画の原点ということができる（図112）．

エジプト時代になると精緻な壁画が描かれるようになる．人々の顔はすべて横向きに描かれ，胴体は正面から，脚は側面から描かれた．とくに足は，両足とも土ふまずが見えるように描かれていることは興味深い．足が足らしく見えるための表現方法だったのであろう．色も，青や緑，黄，白などの，対比効果の強い色がつくられ，7～12色くらいの色が描画のために用意されたといわれる．また棺の装飾には金も使われ，絢爛たる装飾効果を見せている．当時，すでに鮮やかな青や緑が，石灰と銅粉などを使って合成され，その美しい色調は3000年後の今日もあまり変色していないということは驚きに値する．エジプト様式が，5000年もの永い間あまり大きな変化をみせなかったのも，時代感覚が急激に変転する今日のわれわれには不思議なことのひとつである．造形文化の様式が，言語と同じように 王権の誇示や，記録のための視覚的な媒体として機能をもつようになったことも理由のひとつであろう．当時は，彫像などのつくり方や寸法なども，明確に規定されていて，別の地域で別の人間がつくったも

のを持ち寄って合わせても,寸分の狂いもなかったそうである.

ギリシャ時代には,人間の理想的な姿勢が完璧なまでに追求された.その完全さは,作者の緻密な対象の観察から生まれたものであるが,現実の人間の再

図 112　ラスコーの洞窟画(野獣と鹿)

現ではなく,人間の理想の形である神々の像の創造であった.当時の彫刻には主として大理石が使われたが,普通その上に彩色が施されていた.彫刻家によって石がほられ,画家によって彩色されて初めて完成されたといわれている.パルテノンの破風と彫像も当時は極彩色に彩られていたのである.ギリシャの

みならず地中海を中心とした諸都市国家では，古くから文化交流が盛んに行われ，その宮殿や墓地に壁画が描かれていた．茶褐色系の描線に青や緑の彩色がなされ，素朴ななかにも，海洋民族のエネルギーを感じさせるものが多い．陶器にも力強い絵付がなされ，ギリシャの壺絵の前駆的なものということができる．ギリシャの壺に描かれた絵は特徴的な様式美を誇っている．時代によって表現の形式に違いがあるが，赤褐色と黒の2色がおもに使われ，神話をテーマに鋭い単純化された描画が壺の表面を飾っている（図113）．

図 113 ギリシャの壺（黒絵）
（アキレスとペンテシレイア）

ローマ時代には，顔料に蠟を加えて色を固着すると同時に，透明感と艶を出す方法としてエンカゥスティック（encaustic）とよばれる技法が考案され，王侯や金持ちの住居などにも多くの絵が描かれるようになった．また後にテンペラ（tempera）とよばれるようになった卵を固着材として用いる方法なども，すでにローマ時代に使われていたといわれる．このころになると，描画に光と陰による明暗の調子が現れるようになる．人物の顔や手足，衣服のひだなどに明暗が付けられ，表現は立体感を帯び，リアルな対象把握がなされるようにな

った．彫像も神の像から，王や英雄の肖像彫刻がつくられるようになり，その表現も現実味を加えてきた．ローマ時代の絵画が明暗の調子を取入れるようになったのは，彫刻のもっている存在感を画面に描き表したいという画家の願望によるものと思う．明暗を使って存在感を把握するという，対象のとらえ方は，その後のヨーロッパ絵画の底流になるのである．

　モザイク(mosaic)，フレスコ(fresco)といった描画方法も古くから壁画などに使われていた．モザイクは，初期には床面の装飾として発達したものだが，後に材料も自然石から陶製のもの，色ガラスなどが使われるようになり，それらを固定する技術も進んで壁画に利用されるようになった．6，7世紀には，ビザンチンの寺院の壁面や円蓋などにもモザイクによる壁画が描かれている．保存性に優れているのと同時に，面画には強固な材質感があり，光がそれぞれの色を微妙に反映し，豪華で神秘的な空間が演出されている．色彩も豊富で，金色も多用されるようになり，緑，白，青などの色調も純度が高く，明暗の段階も有効に使われて精緻な完成度をもったきらびやかなものになっている．

　ロマネスク寺院の多くは，フレスコによる壁画が描かれた．フレスコは，壁の下地に石灰と砂を混ぜたモルタルを塗り，その壁面が乾かないうちに，顔料を水で溶いた絵具で描く方法で，壁面が乾燥するのに従い，石灰と空中の炭酸ガスによる炭酸カルシウムが生成し，描かれた図像が固定される．顔料はある程度モルタルのなかに浸透するので，発色は深いけむった表情をもち，ビザンチンのモザイクのようなきらびやかさはないが，宗教的な空間にふさわしい表現になっている．モザイクは経費もかかり制作の期間も永くかかるが，それに比べてフレスコは経費も時間もあまり必要としない．この描法には，そのほか種々のやり方がなされたようで，あらかじめモルタルを着色しておいて塗る方法(mezzo fresco)や，すでに乾いた壁面の上に絵を描く方法(secco)などが用いられた．またその併用も数多く行われたようである．フレスコの場合，モルタルには強いアルカリ性があり，顔料によっては，たちまち変色してしまう．また壁にも亀裂が生じやすいなどの欠点があるが，一度固着すると保存性がよく，大画面の制作に適している．また，フレスコ独得の魅力的な効果から永年

にわたって使われた．当時の画工は，グループをつくり，各地の寺院を転々と回って仕事をしていたといわれる．10世紀から12世紀に描かれたロマネスク時代の絵画は，素朴で庶民的なものが多く，当時の民衆の生活の匂いが感じられる．また神の家としての教会全体が，建築，壁面，彫刻をはじめ，祭壇の器具にいたるまで，たくまざる統合をみせて，ひっそりと息づいている．ルネサンス時代にも，多くの巨匠によってフレスコの制作がなされ，ミケランジェロの有名なシスティナ礼拝堂の壁面もこの方法で描かれた（図114，115）．

図 114　ロマネスク時代のフレスコ画
（聖母子：スペインカタルーニヤ地方．12世紀）

テンペラ画も古くから使われた技法である．卵は入手しやすく，顔料の固着力も強い．また発色も優れているので，中世からルネサンスにかけて，テンペラによる絵画は数多く制作された．フレスコと違い，乾いた面に描くことがで

図 115　ミケランジェロのシスティナ礼拝堂の壁画
（フレスコ，一部分）

きるので，先に述べた(secco)として壁面に描かれたものも多いが，テンペラ画として重要なものに'イコン'(icon)がある．イコンは小型の板などに描かれた聖画で，とくにギリシャ正教では，イコンは宗教的に大きな意味をもつも

のであった．初期キリスト教では，偶像崇拝の是非は，繰返し論議され，イコンが信仰の対象として使われるようになったのは，だいぶ後になってからである．それだけにこの制作には魂が込められた．主として寺院の僧侶が制作にあたったが，描く前に身を清め，神に祈るという儀式で行われたということである．イコンには，金属の板を打出したものなどもあるが，普通木の板に描かれた．板には，石膏と膠を混ぜたもので数回の下塗が行われる．さらにその上に必要な線が彫り込まれ，金箔を置いて，その上にテンペラで彩色された．そのため，白や赤は温か味のある発色効果があり，金色の地と調和して密度の高いものがつくられている．このほか卵以外の固着材として，アラビアゴム，糊，膠なども使われたが，後にこれらはデトランプ(detrempe)とよばれ区別されるようになる．

ゴシックからルネサンスにかけて，絵画の描法はしだいにリアルさを増し，透視図法の理論的な研究と相まって，空間の把握や人体の描法なども研究された．色彩のうえでは，空気遠近法(近いものは色調の対比を強くし，遠いものは対比を弱くする方法)が考えられ，絵画空間はそれまでにない奥行をもつようになった．絵画はその後それまでの壁画から，額ぶちにかこまれた独立したタブロー(tableaux)として制作されるようになる．今日でいう絵画の概念は一般にこのタブローを意味している．

油絵が描かれるようになったのは，ルネサンスになってからである．テンペラ画に，より美しい光沢や色の透明感を求め，より永く保存できるように，卵に油脂や，ワニスを混入することが試行されて油絵になったと考えられる．フレスコやテンペラ画ももちろん併行して描かれていたが，油絵のほうがより顔料の定着が優れ，艶があるので発色がよく，保存にも優れている．そのためテンペラ画がしだいに油絵に転化していったものであろう．ネーデルランドの画家，ファン・エイク兄弟によって，ワニスと乾性油の混入による優れた祭壇画や，肖像画が描かれ(図116)，油絵の技法は完成された．それと前後してイタリアの各都市でも油絵の名作がつぎつぎに生まれた．当時の油絵の多くは板に画かれていたが，後に麻布に地塗りをしたものがつくられ，カンバスに油絵と

いう今日使われている方法が一般化された．絵画は自然の描写を基礎としながらも，単に自然を再現する技術としてではなく，画面にその対象を超えた美しい世界を構成し，創造することが目標であるとされ，油絵はヨーロッパ絵画の

図 116　ヤン・ファン・エイクのアルノルフィーニ夫妻の肖像（1434年）

基本的な表現技術になったのである．バロック，ロココといった様式変遷のなかで，画家はその時代を背景にそれぞれ個性的な作品を残したのである．

　光をいかに表現するかということは，キリスト教を基盤とする西欧における絵画の重要な命題であった．中世における金色も光の象徴としての金であり，

ルネサンスの色調の微妙な明暗の階調も,光の表現である.このように西欧の絵画は,光を軸として展開してきたといっても過言ではない.ジョルジュ・ドゥラツールは蠟燭の光を,レンブラントはあの黄金の輝きを,フェルメールは窓からさし込むやわらかい光を見事にとらえ,表現している.

19世紀に入って,ローマン主義のドラクロアは,劇的な表現を強調するために,強烈な色彩の効果を利用し,写実主義のクールベは,自然のもつ色彩の再認識を提唱する.こうして絵画の主題は神から人間へと開かれてゆくが,光と色彩について革命的な変革がなされたのは,印象派の運動によってである.1874年,マネーを中心とする青年画家が展覧会を開き'印象派'と名付けられたが,これに参加した一連の画家の色彩に対するとらえ方は,それまでの色彩観念を一変するものであった(図117).彼らはおもに戸外で制作し,彩度の高い色の小片をカンバス上に並置することによって,光り輝く自然光を表現しようと試みたものである.光は色彩であるという認識にもとづいたこの描法は,

図 117 クロード・モネーの日の出(1872年)(印象)

科学的な根拠にもとづいたもので，従来の古典的な光と影とによる対象のとらえ方は大きくゆれ動くことになり，色彩に対する画家の意識も急激に高いものになった．この印象派の運動をきっかけとして，近代絵画は大きく新たな展開を迎える．ゴッホ，ゴーギャン，セザンヌ，マティスらによってそれぞれ色彩に対する独自なとらえ方がなされていく．ピカソ，ブラックらによる立体派の運動では，対象は分析的にとらえられ，画面に再構成するということが行われるが，その過程で色彩は逆に極端に制限される．印象派ではほとんど使われなかった褐色と黒が主調色となり，形や空間処理の問題に重点がおかれる．その後も相ついで新しい造形思考が提案されるが，絵画は必ずしも対象の色や形に依存することなく，作者の主体的な選択によって，形が描かれ，色彩が使われるようになり，自由に画家の観念やイメージを表現する時代になった．

13.2. 日本における空間と色

以上，西欧における絵画技法と色彩の変遷について略述したが，日本における色彩観について考えてみたい．先にも述べたように，西欧の色彩は，光を軸としてとらえ，具体的であるのに対し，日本の場合は，より観念的であり，装飾的であるということができる．自然環境や宗教の関係であろうが，基本的な空間意識が違うということについて考えてみる必要がある．日本の場合，空間意識は時間的な観念を軸としてとらえることが多い．このような観念は本来中国，韓国からもたらされたものだが，日本という風土のなかで静かに発酵したものであろう．建築様式のうえでも壁面が少なく，壁面に代わって障壁画が数多く描かれている．この開閉可能な壁面は抵抗感が少なく，そこを開けば通ることができるということ自体，時間的である．'奥ゆかしい'という美的観念も奥の方へ行ってみたいという時間的な要素であろう．障壁画に描かれる花鳥風月も，その存在を主張するというよりより，曖昧な空間のなかに，ときにはひっそりと，ときには絢爛と，美しい表情を見せている．同一画面に四季の草花をあしらうという趣向もそのあらわれである(図118)．色の濃淡の変化は，光と影の変化に対応するものとしてではなく，対象のもっている質的な変化を絵

具のぼかしや，にじみ，筆勢の変化に置換える方法がとられる．一方，日本の絵画では，余白が重要な意味をもっている．余白は暗示的な空間であり，日本の特有な明るさを象徴的にとらえている．それは障子のもつ明るさに似てい

図 118 俵屋宗達の四季草花和歌巻

る．強い外光は障子によって拡散され，やわらかい明るさとなって室内に導かれる．そのような和室の明るさを余白は暗示している．絵を描く場合，余白の明るさは潜在的に意識のなかにあって，作画全体の構成に余白のありかたは主要な造形的要素となっている．画面のどの位置に何を置くかということについても，対象の存在の位置的な空間関係よりも，余白のありようが優先されることが多い．したがって，画面の構成も空間的な動きは薄く，画面上の図柄の関係に重点がおかれる．日本の絵画が装飾性が強いのはこのためである．一方，西欧の絵画が強固な物質感をもつのに比べて，日本の絵画の場合，画面に強い物質感を求めることはなく，そこに求められているものは精神的な要素ともいうべきもので，作者の深い自然観照が優れた修練と集中力によって描かれることである．

色彩についても，われわれ日本人は自然の素材がもつ美しさを常に生かすことを考えてきた．天然の石を粉末にして顔料に用い，いろいろの植物から多種

13 画家と色彩

多様な染料をつくり，それによって特有な色彩文化をつくりえたということができる．蕪村の句に「あさがほや，一輪深き淵のいろ」という句がある．蕪村は文人画家としても多くの作品を残しているが，この句は単に朝顔の花の色と渓谷の淵の青さを比較しただけではない．蕪村は，絵を描くときに使う'群青'の青い色を常々美しい色であると思い，その群青の青さが朝顔の花の青さと対応して連想され，朝のすがすがしい空気を感じさせるこのような名句が生まれたのではないだろうか．蕪村の画家としての眼がこの句には感じられる．江戸時代には，青と緑が未分化で混同されていたといわれるが，当時の人々は，もっと微妙で複雑な色の識別と調和とその使い分けを知っていたはずで，多くの色名がそれを物語っている．また日本には，'ハデ'と'ジミ'の2通りの色の使い方がある．日常的な場においては一般に'ジミ'で，'ハレ'の場では'ハデ'な色彩効果を演出し，この二つを実にたくみに使い分けてきた．とくに日常の服装については，着る人の年齢とかかわりながら色の好みが，外部との体面から規制を受けるという一面があったが，祭りの日には，日ごろ森のなかに静かなたたずまいをみせる神社は，一挙に色どり豊かな空間に転化し，老若男女ははなやかに着飾る．色の扱いにも「時と所をわきまえる」という不文律があって，それが四季の変化とともに節度ある生活のリズムをつくっていた．

浮世絵は，そのような生活を背景として生まれた庶民の絵画である．初めは線が木版によって刷られ，そのうえに手彩色や，合羽摺で色がのせられ，色も丹か緑の2色ぐらいであったが，後に木版で多色摺の精巧なものがつくられるようになり，錦絵とよばれるようになる．線は墨が使われ，色には植物染料が主として使われたが，版元を中心に，絵師，彫師，摺師の共同によって作業が進められ，多くの傑作が生まれた．思い切った視点の変換，線と色彩との緻密な調和は江戸庶民の趣向にぴったりと適合しつつ独得な絵画様式が生まれたのである（図119）．浮世絵は西欧でも高く評価され，近代絵画に大きな影響を与えることになるが，明治以降衰退してしまったことは惜しまれることである．われわれ日本人の造形感覚には，大胆な発想と同時に，墨色に五彩を見るようなきめの細かさを潜在的にもっているはずで，われわれも今後そのような美意識

を受け継いでゆきたいものである．

図 119　喜多川歌麿の作品

13.3.　色とイメージ

　西欧で image という言葉は像であり，そこには神の具体的な現れとしての像という観念があるようであるが，現在はより幅広くイメージという言葉が使われている．抽象的な観念を具体的なものに転化する，その間に介在するものがイメージである．人間の造形行為も基本的にはイメージの表現である．色彩はそこで重要な役割をもっているので，おのおのの色がもっている意味や性

格,効果について考えてみたいと思う.

白・黒・灰色: 白はすべての色の基盤になる色である.とくにわれわれ日本人は,白に対して,あるあこがれに近い感情をもっている.白は清潔であり,新鮮で,'おもしろし'とか,'しろたえ'といった古語をみても白の優先順位が高かったことがうかがえる.先にふれた余白を生かす日本の絵画も,白い面を優先する考えの現れである.とくに東洋の墨絵や書は他の色を全く制限し,墨の濃淡や筆使いによって,独特な世界観を展開している.西欧では,ルネサンス時代には,白と黒は色ではないとされ,白は光の輝きであり,黒は光の全くない闇であるとされた.そしてその間の微妙な変化が光による明暗の調子(トーン)で,これをたくみに表現することは描画の基本的な技術であった.デッサンには,正確な形の把握と同時に,この調子の階調によって立体感や空間の奥行を暗示することが求められ,デッサンの習熟によって,正しい色の使い方を身につけることができるとされている.

灰色は一般に白と黒を混ぜてつくるとされているが,単に白と黒を混ぜた灰色は青味を帯び調子も単調になるので,古い油絵の技法では,少量のライトレッド(ベンガラ)を混ぜることをすすめている.その他複雑な色調の灰色を得るために,黒を使わず青と褐色,緑と紫などを混色し,白を加えて灰色をつくることもよく使われる.灰色という語感は,'灰色の人生'などという表現に使われ,あまりよい印象のことばではないが,扱い方によっては,微妙な階調があり魅力的な色である.江戸時代には百色近いねずみ色の呼び名があったといわれるが,現代のわれわれも,改めて灰色の微妙なニュアンスについて考え直してみてはどうだろうか.

黒は描画材料として先史時代から使われた重要な色である.デッサンや版画にも黒は基本的な色として扱われている.光を色彩としてとらえた印象派では,黒を使うことはさけられたが,ルノアールの初期の作品には黒を有効に生かした作品がある.黒には他の色を生かす効果があり,どんな色でも黒との出会いで,美しく発色する.日本の山水画や浮世絵でも墨によって他の色が美しく生かされていることが多い.なお浮世絵の墨版に使われた黒は,'をきずみ'とい

われ，油烟墨をくだいたものを数か月以上壺に入れておいたものを使うということをきいたが，墨色に対するデリケートな感度を，ここでも見ることができる．

　黄色・赤：黄色と赤は，昔，火の色とされていた．ともに光を表現するのにはなくてはならない色であり，注視性の高い色である．

　とりわけ黄色は光の象徴である．黄色の顔料として昔から使われていたのは，黄土である．とくにヨーロッパでは，美しい黄土色が早くから見出され，黄金の輝きをもつ色として重視された．また人体の肌色を表現するにはなくてはならない顔料である．今日でも，画家の多くは，必ずといってよいほど，この色を用意している．彩度の高い黄色が得られるようになったのは19世紀の初めで，カドミウム・イエロー，クロム・イエローなどの出現は，永い人間の黄色に対する夢の実現ということができる．そのため画家もまた，絵に明るい輝きを獲得することになった．ゴッホは北欧に育ち，初期には灰褐色の暗い陰鬱な絵を描いていたが，後に印象派の明るさに出会い，照りつける陽光の輝く色彩を人生における熱狂のようなものであると感じつつ絵を描き続けた．とくにゴッホにとっては，黄色は光そのものであった（図120）．

　赤は象徴性の強い色で，火をはじめ，血，情熱，闘争，太陽などが赤で象徴され，強い訴求力をもっている．したがって，赤は，顔料，染料とも早くからつくられ使われてきた．日本でも朱は魔よけに効果があるとされ，キリスト教文化のなかでは，ぶどう酒の色と血の色が対応して厚い信仰の情熱を表す色とされている．このように赤は象徴機能の強い色であるだけに，絵画の表現には大きな力になる．画面全体に与える影響も大きい．また緑や青を主調とした自然の色に対して，赤は強い対比効果をもち，赤い花，紅葉，赤い夕陽などに対して人々は美しいという形容詞を与える．赤い鳥居や朱塗の寺院なども自然のなかで美しいアクセントになっている．赤はそれ自体一色としてすでに美しく，赤いというだけで人々の心をひきつけ，感動をよび起こす要素をもっている．絵を描く場合，この自己主張の強い赤をうまく使いこなすということは，なかなかむずかしいことのひとつで，思い切った決断が必要な色である．フ

ォービズム(Faubism, 野獣派)の画家は原色を荒いタッチでカンバスにぶつけ，自己主張の強い表現を行ったが，そのなかで赤や朱色は当然ながら主役的な色であった．色彩が解放され，かつて貴重だった赤系統の顔料も，今日は彩度

図 120　ヴィンセント・ヴァン・ゴッホの種をまく人(1888年)

の高いものがすぐ手に入るようになった．絵画に限らず，生活空間のなかでも，この自己主張の強い赤を十分使いこなす必要があると思われる．しかし赤は訴求力が強いというだけの理由で乱用することは，せっかく赤の美しさを見失う結果になるのではないだろうか．

　青・緑：青と緑は，みずみずしい自然の色である一方，深い哀愁の色でもある．赤の激しさに対して深い落着きと冷厳さを語る色である．

　青は空の色であり，水の色である．古い時代から人々はこの美しい色にあこがれをもっていたのであろう，天然の瑠璃から群青をつくり，また銅の化合物

からも美しい青をつくった．黄金の色と補色の関係にある青は，金色の輝きをいっそう美しく見せるための色としても効果があり，壁画や装飾に使われた．もちろん，空や水の美しさを表現するためには，青はなくてはならない貴重な色であることはいうまでもない．青は透明な空間を暗示する．セザンヌは遠くの山など描くのに青い色を使った．青は眼には見えない空気を作品のうえに感じさせる色である．浮世絵でも，風景の上端にひかれた'一文字ぼかし'の藍色が，見事に澄んだ空とその場の空気を感じさせることに成功している．青はほかの色と比べて物質感に乏しく，むしろ精神的な要素をもつ色である．聖母像の聖衣は青で描かれるが，清純な愛と哀しさを現す色としてふさわしい．ピカソの青年時代，一般に「青の時代」とよばれる一時期があったが，その当時描かれた一連の作品には，深い人間的憂愁がにじみでている．イブ・クライン (Yves Klein, 1928—1962)は，深い群青色を自から，自己の色と名付け，その青を，無の観念，非物質の象徴としてとらえ，それに彼の芸術生命をかけた作家である．

　緑は，人間をやさしく包む色である．緑にふれることによって，人間は自己をとりもどすことができる．自然の緑を対象に描かれた作品は，生活に自然の恩恵をはこんでくれる．しかし画家にとっては，実はむずかしい色のひとつなのである．自然の緑がもつ階調の複雑さは，なかなかとらえ難いものである．安易に緑を考えていると，画面上の緑は単なる絵具にしかみえない．緑はやさしい表情をもつ色には違いないが，このやさしさにあまえることはできない色である．日本では青と緑が混同されているということは前にも述べたが，いいかえると，緑色にはそれほど階調の幅がある．英語の green という言葉にも緑という色名のほかに，若々しく元気なことを意味する場合と，青ざめた顔色を意味する場合がある．緑色が象徴する要素もまた幅が広い．樹木の多いわが国では，緑色はいわば日常的な色であり，平凡な色と考えやすい．しかも幅の広い階調をもっている．うっかりそのやさしさにたよりすぎると，作品も平凡さをまぬかれない．画家の緑に対する苦心もそこにあるのである．

　紫：'むらさき'という植物の根から紫色の染料をつくることは昔から行われ

たが，それが日本の一般的な色名になった．昔から高貴な色とされ，儀礼的な性格をもった色である．今日では美しい紫色がつくられるようになったが，当時は得難い色であったのであろう．絵画でも印象派以前にはあまり使われていない．たとえ使われていても，美しい色の顔料が少なく，彩度の低い色調のものが多い．赤と青を混ぜると紫色がつくれるが，どうしても重い色調になり，自然の草花のような鮮明な紫は出しにくい．印象派については前にもふれたが，それまでの絵画の影の部分に使われていた褐色の色を，青や紫の色調に置き換えることがなされた．陰影もまた光につつまれていると考えた印象派の方法論であるが，光の黄色，樹木の緑に対して，補色の関係にある青や紫の発色は，それらの色が黄色や緑と点描的に並置されているだけに輝きを増し，印象派の特徴的な色調になったのである．日本にこの表現方法が紹介され，多くの作品が描かれたが，これに対し，紫派という呼び名が付けられたことは，おもしろいことである．

褐色：褐色は大地の色，土の色である．美しい色香を見せている地上の生物もやがては枯死して褐色に帰る――褐色にはそんな宿命を思わせるイメージがある．土を原料にした顔料の多くは不変色で，被覆力が強く画家にとって重要な色材である．とくに西欧の古典技法では基本的な色であり，褐色によって形から明暗までがこの色で描かれ，そのうえに他の色が透明色で塗り重ねられている．褐色自体は決して自己主張をせず，大地が地上の万象を支えているように，絵画の基底を与えている．しかしこの色は，とくに古びた雰囲気を出したい場合は別として，明快さや清潔感を表現したいときには一般には不向きである．

13.4. 色彩感覚と文化

これまでいくつかの色について述べてきたが，色は本来連続して広がる世界である．われわれは，ただ便宜上それを，赤なら赤という言葉でくくっているのにすぎない．画家の場合はたとえば，カドミウム・レッドとかカーマイン，バーミリオンといった顔料名で色を考えている．油絵の場合，そこには，その絵具の性質――乾燥度，透明性，被覆力，発色性，他の色との混合による変色，

といったことまで含まれている．制作の過程では，色彩の選択には細心な注意がはらわれる．ひとつの色を選ぶのに長時間要することもあり，思い切った色の選択で，思わぬ効果を見出すこともある．作者のイメージと色のイメージがうまく一致しているときは仕事は順調に進むが，必ずしもそうはいかないことが多いので，何回も試行を繰返すことになる．そのような過程で作者の色彩感覚はみがかれていき，画面に自分の世界をつくりうるのである．一般に色を選ぶ場合，色彩感覚が良いとか悪いとかいうことがよくいわれるが，色彩感覚をよいものにするためには，常に色に対して関心をもつことがまず必要である．そして自分の好きな色をはっきり自覚するように心がけることである．絵を描くことは色彩感覚を養ううえでいちばんよい方法であると思う．自分の好きな色を自分自身で選び，その色に自信をもつことができれば，色に対して主体性をもつことができるようになる．一方，色彩感覚は，その人の生活する環境の色彩と大きなかかわりがある．人間は自からの環境を自らの手でつくるが，人間はまたその環境に大きな影響を受けながら生きている．色を主体的に選ぶといっても，色を選ぶ価値観のなかには，文化的な背景や生活環境が潜在的な影響をもっていると考えられる．イメージは，その人の生活体験を通して生まれるものである．われわれは，生活のなかの色彩のありかたを改めて見直す必要があるのではないだろうか．良い色彩感覚は，良い色彩環境を背景にして育つものである．われわれの祖先は，色に対して優れた美意識をもち，世界に誇ることのできる造形文化を創造しえた．明治以降，急激な外来文化の導入と同時に，それまで不文律であった色に対する作法の枠がはずされ，色彩は自由に解放されるようになった．このような急激な生活文化の変革のなかで，色の扱い方に対しても多少無頓着になっている面がある．色に対してより深い関心をもち，この多様な色彩環境のなかで，われわれは色彩文化を豊かで秩序あるものに育てていきたいものである．

　画家もまた，近代科学が生んだ豊富な色の恩恵に浴している．昔の画家が，自分で色をさがし，自分で絵具を練ったことを考えると，チューブ入りの絵具を自由にいつでも使うことのできる現代の画家は，夢のような時代に生きてい

るということができる.しかし現代は,これまでの絵画という概念を脱却した新しい世界が,つぎつぎに創造されつつある時代であり,現代において絵画とは何かという根源的な問いに対して,画家は自からの制作を通して答えていかなければならない.絵画の概念も多様化し,拡散を続けるなかで,画家にとって厳しい答をせまられているむずかしい時代でもある.人間が自らの手で,自らの感動を表現することは,人間が人間であることの表明であり,画家が絵を描くことの意義もそこにあるのだと思う.これからも人間は,決してとだえることのない色との対話を続けていくことであろう. [赤穴 宏]

参　考　書

1. 色の知覚と心理

秋田宗平：色覚と色覚理論，苧阪良二編：講座心理学 3 感覚，東京大学出版会，1969．

金子隆芳：色の科学―その精神物理学，みすず書房，1968．

色彩科学協会編：色彩科学ハンドブック，南江堂，1962．

田崎京二・樋渡涓二・大山　正編：視覚情報処理，朝倉書店，1979（予定）．

ニュートン，I., 阿部良夫・堀　伸夫訳：光学，岩波書店，1940．

フリッシュ，K. v., 桑原万寿太郎訳：ミツバチの生活から，岩波書店，1975．

ミューラー，C. G., 田中良久訳：感覚心理学，岩波書店，1966．

ミューラー，C. G., M. ルドルフ，立石　厳監訳：光と視覚（タイム・ライフブックス），タイム・ライフ社，1974．

和田陽平・大山　正・今井省吾編：感覚・知覚心理学ハンドブック，誠信書房，1969．

2. 色覚の生理と異常

石原　忍・鹿野信一：小眼科学（第 18 版），金原出版，1979．

馬嶋昭生：眼疾患の遺伝，医学書院，1977．

滝本孝雄・藤沢英昭：入門色彩心理学，大日本図書，1977．

萩原　朗：眼の生理学，医学書院，1966．

Moses, R. A.: Adler's Physiology of the Eye, Sixth Edition, The C. V. Mosby Co., 1975.

3. 発光と吸収

レスニク，R., D. ホリデー，鈴木　皇訳：物理学 II（下）光と量子，トッパン，1973．
（光の基本的な性質と，物質のエネルギーとの関係を学ぶことができる．不足する部分は，たとえば次の本の一部にある．）

　a. バーロー，G. M., 藤代亮一訳：物理化学（上）（第 3 版），東京化学同人，1976．
　b. 同書（下）．
　c. 黒沢達美：物性論―固体を中心とした―（基礎物理学選書 9），裳華房，1970．
（a で「化合物分子の構造とエネルギー」，b で「光の散乱」を，c で「固体のエネルギーと蛍光」を補えばよい．）

以上をすべて卒業した人，またはこれと同程度以上の数学，物理学，化学の基礎のある人には次の本を推薦する．
　早川宗八郎：物質と光（理工学基礎講座 24），朝倉書店，1976．

4. 色の物理と表示
　金子隆芳：色の科学―その精神物理学，みすず書房，1968．
　Wright, W. D.: The measeurement of color, Hilger & Watts Ltd., 1964.

5. 照明と色彩
　照明学会編：最新・やさしい明視論，照明学会，1977．
　照明学会編：照明ハンドブック，オーム社，1978．

6. 染料と顔料
　日本学術振興会染色加工第 120 委員会編：新染色加工講座全 13 巻，共立出版，1971．
　有機合成化学協会編：染料便覧，丸善，1970．

7. カラー印刷
　鈴木敏夫：基本・本づくり，印刷学会出版部，1969．
　ユール，J. A. C., 馬渡　力・国司龍郎訳：カラーレプロダクションの理論，印刷学会出版部，1971．
　角田隆弘・西田駿之介・藤岡　浄編：基本印刷技術，産業図書，1978．

8. カラー写真
　笹井　明編：写真工学の基礎（銀塩写真編），日本写真学会出版，1979．
　笹井　明：フィルムの性能と処理技術，写真工業出版社，1977．
　写真工業出版社編：写真技術マニュアル（基礎編，応用編），写真工業出版社，1976．

9. カラーテレビジョン
　石橋俊夫：カラー受像機，日本放送出版協会，1967．
　小郷　寛：電子回路，実教出版，1977．
　平沢　進：最新カラーテレビ修理事典，ラジオ技術社，1974．

10.I　植物の色と生活環境
　Gates, D. M., et al.: Applied Optics, 4, 11, 1965.
　Harborne, J. B.: Comparative Biochemistry of the Flavonoids, Academic Press, 1967.
　服部静夫・下郡山正巳：生体色素（医学・生物学のための有機化学 6），朝倉書店, 1967．

Breece, III, H. T. and R. A. Holmes: Bidirectional Scattering Characteristics of Healthy Green Soybean and Corn Leaves *in vivo*, Applied Optics, 10, 119, 1971.

安田 斉：花色の生理・生化学，内田老鶴圃新社，1975．

10.II 生活環境と色

岩波洋造：光合成の世界(講談社ブルーバックス)，講談社，1970．
佐藤 竺・西原道雄編：公害対策II(現代行政シリーズ2)，有斐閣，1969．
信州大学教養部編：自然保護を考える，共立出版，1973．
只木良也：森の生態，共立出版，1971．
日本農業技術懇談会編：環境緑化の実際，兼商株式会社，1975．
松中昭一編：図説環境汚染と指標生物，朝倉書店，1979．

11. 景観の色彩

イッテン，J., 大智 浩・手塚又四郎訳：色彩の芸術，美術出版社，1964．
大岡 信編：日本の色，朝日新聞社，1976．
栗田 勇：紅葉の美学(読売選書)，読売新聞社，1973．
シュタイナー，R., 上松佑二訳：新しい建築様式への道，相模書房，1977．

12. 日本人と色

大岡 信編：日本の色，朝日新聞社，1976．
金子隆芳：色の科学―その精神物理学，みすず書房，1968．
塚田 敢：色彩の美学(紀伊国屋新書)，紀伊国屋書店，1966．
ミューラー，C.G., M. ルドルフ，田口泖三郎監修：光と視覚の話(ライフサイエンスライブラリー)，タイム・ライフ社，1968．
和田三造：色名大辞典，創元社，1954．

13. 画家と色彩

アルベルティ，L. B., 三輪福松訳：絵画論，中央公論美術出版，1971．
粟津則雄：思考する眼(画家とことば)，美術出版社，1969．
江上波夫：美術の誕生，東京大学出版会，1965．
大岡 信編：日本の色，朝日新聞社，1976．
岡 鹿之助：油絵のマチエール，美術出版社，1953．
木村重信：モダン・アートへの招待(講談社現代新書)，講談社，1973．
坂崎乙郎：イメージの狩人(絵画の眼と想像力)(新潮選書)，新潮社，1972．
高階秀爾：名画を見る眼(岩波新書)，岩波書店，1969．

参 考 書

高階秀爾：続名画を見る眼（岩波新書），岩波書店，1971.
瀧口修造：近代芸術，美術出版社，1962.
ラングレ，X., 黒江光彦訳：新版油彩画の技術，美術出版社，1974.
矢代幸雄：水墨画（岩波新書），岩波書店，1969.

索　引

アイ(藍)　86
I 信号　135
青緑(シアン)　62
アカネ(茜)　86
赤紫(マゼンタ)　61
明るさ　74
　——の恒常性　34
　——の対比　12
アゾ染料の化学構造と色　89
アノマロスコープ(anomaloscope)　50
アピゲニン(apigenin)　152
アブニイ(Abney)効果　33
網版　99,100
アルマイトの着色　94
暗順応　9
暗所視　26,27
アントシアニン(anthocyanin)　151
一般色名　191
色
　——の現れ方　34
　——の感情効果　35
　——の恒常性　34
　——の心理的効果　35
　——の対比　12
　——の分類　19
色温度　78
色概念　190
色語彙　195
色順応　11
色体系　24

色分解撮影　112
岩絵具　186
In-Camera-Process　121
インジカン(indican)　88
印象派　208
陰性残像　12
インタキャリア方式　131
うす色版　105
内型カラー感光材料　117
内型カラーフィルム　117
暈繝(うんげん)　188
映像音声受像部　130
映像再現部　130
液晶　60
SECAM 方式　133
SD(semantic differential)法　36,38
XYZ 表色系　66
エッチング(etching)　98
NTSC 方式　132
絵具　200
エンカゥスティック(encaustic)　202
延喜式　184
演色指数　76
演色性　76,82
凹版　97
大島つむぎ　87
オズグッド(C. E. Osgood)　36
オストワルト(F. Ostwald)の色立体　26

オーロン(orlon) 152
音声再現部 130
温度放射 53

拡散転写カラー感光材料 121
拡散転写方式 121
可視光線 43
可視範囲 31
ガス入り電球 79
仮性同色表 50
画像伝送 137
カッツ(D. Katz) 33
合羽摺 211
家庭染色 92
カプラー(coupler) 115
加法混色 5,63,133
加法混色カラー写真 112,113
加法混色プロセス 111
加法混色方式 114
カラー写真 111
カラーチャート 144
カラーテレビジョン 4,131
Color Harmony Mannual 26
カラーリバーサル(color reversal) 119
カルコン(chalcone) 152
カロチノイド(carotinoid) 150
環境汚染指標 159
干渉 59
間色 196
寒色 37
桿体 10,27,44
カンディンスキー (W. Kandinsky) 39
慣用色名 191
顔料 85,200

企業色 107
キセノンランプ(xenon lamp) 81
帰線期間 129
帰線消去信号 129
キャリヤー(carrier；保因子) 48
吸収 57
吸収スペクトル 57
吸収帯 57
Q信号 135
給電線(フィーダ) 131
銀色素漂白カラー感光材料 119
銀色素漂白方式 120
金属錯塩説 154
具(ぐ) 187
空間的加重 30
草木染 188
屈折 59
グラビア 100
クロロフィル(chlorophyl) 150
蛍光 55
蛍光水銀ランプ 82
蛍光ランプ 80
ゲーテ(W. Goethe)の色彩論 9
ケルセチン(quercetin) 152
ケンフェロール(kempferol) 152
減法混色 64
──の三原色 114
減法混色プロセス 111
光覚閾 10,27
光輝 33
航空赤外カラー写真 159
光合成 155
合成映像信号 135

合成染料　88,90
後退色　39
後天性色覚異常　51
光電変換　133
孔版　98
鉱物性染料　86
5月の節句　161
国際照明委員会（Commission International de l'Eclairage, CIE）　25,61
国際生物学事業計画（IBP）　156
苔寺　162
Kodak Instant Print Film　121,123
コチニール（cochineal）　87
コ・ピグメント説　153
コロタイプ（collotype）　98
婚姻色　182
紺青　90
混色　4,7

彩度　19,22,74
細胞の酸性度（pH）　153
三原色　64
三原色インキ　99
三色説　13
三色分解　99
三色分解撮影　112
山水の庭　162
残像　11,139
散乱　60
残留側波帯（VSB）変調　130
CIE（Commission International de l'Eclairage, 国際照明委員会）　28
CRT（cathode ray tube, ブラウン管）　137
シアニジン（cyanidin）　151

シアン（青緑）　62
視感覚の鋭さ　91
時間的加重　29
視感反射（透過）率　70
色円　7,19,20
色覚異常　47,50
色差視力　140
色弱　49
色素の配糖体　153
色相　19,20,30,33,74
色相（HUE）調節　136
色素現像剤　121
色素遊離物質　123
色度座標　68
色度図　8,73
色名　32,190
色名帳　144
色盲　49
視細胞　10,44
視神経　45
自然照明　77
CBS方式　134
視野　28
写真石版　96
収縮色　39
周波数インタリビング法　136
周辺視　27,45
種族区別色　182
シュテファン-ボルツマン（Stefan-Boltzman）の法則　53
主波長　74
樹木
　——のSO$_2$に対する吸着能　158
　——の季節感　160
純度　74
昇華転写なせん　95
照明　77

食品用色素　94
植　物
　　──の色(名)　143
　　──の発色メカニズム　149
　　──の発色の機構　145
植物の色の表し方　144
植物色素　149
植物性染料　86, 188
人工照明　77
進出色　39
真珠の着色　94
振幅変調　129
水銀ランプ　82
瑞祥植物　160
錐　体　10, 27, 44
水平細胞　18, 44
スヴェティチン
　　(G. Svaetichin)　18
スクリーン角度　100
スクリーンプレート方式　114
スクリーンレス平版　100
スーパヘテロダイン方式　130
スペクトル　6, 52, 55
スペクトル範囲　32
墨　版　105
正　色　196, 197
西洋木版　101
石版石　98
secco　203
セマンティック・ディファレ
　　ンシャル(semantic
　　differential, SD)法　36
染色史　86
染色物の堅ろう度　93
染色方法　91
線スペクトル　55
先天性色覚異常の遺伝形式
　　48
戦闘色　182

染　料　85
　　──の価格　93
　　──の強さ　92
走　査　126
外型カラーフィルム　116, 117
外型発色現象　117
外型リバーサルカラーフィル
　　ム　117
外側膝状体　18, 46

耐光堅ろう度　93
退　色　92
帯スペクトル　55, 56
大脳中枢　45
ダイプレクサ(dye precursor)
　　126
ダゲレオタイプ(daguerreo
　　type)　111
多色ロールなせん機　95
多層式カラーフィルム　117
タブロー(tableaux)　206
たらしこみ　187
段階説　18
タングステンランプ
　　(tungsten lamp)　79
暖　色　37
単色光　52
遅延回路　136
チタン白　90
茶室と茶庭　162
中心窩　43, 44
中心視　27, 45
直列伝送　137
チリアン・パープル(南欧古
　　代紫)　86
土(泥)絵具　186
手彩色　211
デトランプ(detrempe)　206
デルフィニジン(delphinidin)

151

テレビジョン信号　129
天然染料　85,86,87
テンペラ(tempera)　202
透過率　58
同期信号　127
等色関数　68
等色実験　67
動体視力計　138
銅版画　98
動物性染料　86
都市林の大気浄化機能　157
凸版　97
飛越し走査　128
ドラクロア(E. Delacroix)
　　208

ナトリウムランプ(sodium
　　lamp)　81
二酸化硫黄　156
二酸化炭素　159
日本画の絵具　185
日本の国花　161
ニュートン(I. Newton)　1
　――の混色の実験　5
ネクロシス(necrosis)　159

廃棄物の無公害処理　159
ばいじんの捕捉　158
パーキン(W. H. Perkin)　88
箔　泥　186
白熱電球　79
発色カプラー　117
発色現像　115
葉の分光反射率　146
ハロゲン電球　79
反　射　8,59
反対色説　16
PAL方式　133

光の経路　43
比視感度曲線　28,65
一文字ぼかし　216
標準青色染色　93
標準観測者　65
標準光源
　――A　71
　――B　71
　――C　71
　――D_{55}　71
　――D_{65}　71
　――D_{75}　71
表面色　33
表面反射率　59
ファン・エイク(van Eyck)
　　兄弟　206
フィルター効果　158
フィルターの濃度　58
風土と色彩　175
フェルメール(J. Vermeer)
　　208
フォン・フリッシュ(von
　　Frish)　2
フタロシアニン銅　90
ブラウン管　4,56,132
フラボノール(flavonol)　152
フラボン(flavone)　152
プランク(M. Planck)の法則
　　53
プルキンエ現象　28
フレスコ(fresco)　203
分光分布　5,53,62
閉回路TV(CCTV)　133
平　版　98
並列伝送　137
ペオニジン(peonidin)　151
ペタキサンチン
　　(betaxanthine)　152
ペタシアニン(betacyanin)

ペチュニジン(petunidin) 152
  151
ベツォルトーブリュッケ
  (Bezold-Brücke)効果
  32
ペラルゴニジン
  (pelargonidin) 151
ヘリング(E. Hering) 16
ベンガラ(弁柄) 90,213
変　調 126
弁別閾 33
保因子(キャリヤー) 48
膨張色 89
放電燈 80
飽和度 74
Polacolor 121,123
Polavision 112,123
ポラロイド SX-70 フィルム
  121

マークス(W. B. Marks) 15
マスキング(masking) 103
マゼンタ(赤紫, magenta)
  61
マッハ(Mach)現象 139
マルビジン(malvidin) 151
マンセル(Munsell) 20
  ──の色体系 20
  ──の色立体 23
ミツバチの色覚 2
ミドリの殺菌治療効果 160
明順応 9
明所視 26,27

明度 19,21,74
mezzo fresco 203
メタルハライドランプ
  (metalhalide lamp) 82
眼の構造 43
面　色 33
網膜の構造 44
モザイク(mosaic) 203
模　写 184
モーブ(mauve) 88

野獣派 215
ヤング(T. Young)の仮説 13
有機酸 153
UCS 色度図 76
陽性残像 12
葉緑素 155

ラスタ(raster) 127
ラツール(Georges de La
  Tour) 208
ランバート・ベール(Lam-
  bert-Beer)の法則 58
リップマン(Lippmann)方式
  125
輪郭信号 139
ルミネッセンス
  (luminescence) 54
レーザー(laser) 57
励　起 54
連続スペクトル 54
連続調 100
レンブラント
  (R. Rembrandt) 208

| 色　その科学と文化　（新装版） | 定価はカバーに表示 |

1979年 4 月15日　初　版第 1 刷
2001年 4 月15日　　　　　第19刷
2008年10月25日　新装版第 1 刷

	江　森　康　文
編集者	大　　山　　　正
	深　尾　謹　之　介
発行者	朝　倉　邦　造
発行所	株式会社　朝　倉　書　店

東京都新宿区新小川町6-29
郵便番号　　162-8707
電　話　03 (3260) 0141
FAX 03 (3260) 0180
http://www.asakura.co.jp

〈検印省略〉

© 1979〈無断複写・転載を禁ず〉　印刷・製本　デジタルパブリッシングサービス

ISBN 978-4-254-10216-1　C3040　　　Printed in Japan

日本色彩学会編

色彩科学事典 （普及版）

10210-9 C3540　　　　A5判 352頁 本体7500円

色彩に関する514の項目を、日本色彩学会の73人の執筆者を動員して、事典風の解説をとりながらも関連の話題を豊富に盛込み、楽しみながら読めるよう配慮をもってまとめられたユニークな事典。色彩だけでなく明るさについても採録されているので照明関係者にとっても役立つ内容。色彩材料に関しては文化的背景についても簡潔ななかにもかなり深く解説されているので、色彩にかかわるすべての人、またそれ以外の研究者・技術者にとっても知識の宝石箱として活用できる事典

川上元郎・児玉 晃・富家 直・大田 登編

色彩の事典 （新装版）

10214-7 C3540　　　　B5判 488頁 本体20000円

多面的かつ学際的である色彩の科学を28人の執筆者によりその基礎から応用までを役に立つ形で集大成。〔内容〕色の測定と表示（光と色、表色、測色、光源と演色性、標準色票と色名、色材）／色彩の心理・生理（色覚の生理、色覚、色知覚、色彩感情、色の心理的効果、色を用いた心理テスト、色に関する心理学的測定法）／色再現（混色、調色、カラーテレビジョン、カラー写真、カラー印刷）／色彩計画（調査、色票、流行色、色彩調和、カラーシミュレーション、色彩計画の実際）

K.ゲルストナー著　元沖縄県芸大 阿部公正訳

色 の 形

10078-5 C3040　　　　B5変判 184頁 本体15000円

"形は色のからだであり、色は形の心である"という、現代を代表するゲルストナーの色彩論、形態論およびその相互作用をカラー図版によって示した待望の翻訳。〔内容〕色彩の世界／形のシステム／形の調和／カラーサイン／色の形／照応

前筑波大 金子隆芳著
色彩科学選書1

色 の 科 学
—その心理と生理と物理—

10537-7 C3340　　　　A5判 184頁 本体4300円

色彩学の基礎理論を明快・簡潔に解説した入門書〔内容〕色の見え方の様相／眼の生理光学／明度の心理物理学／測色学序論／色空間の幾何学／物体色の限界／カラーオーダシステム／生理的三原色／色覚の神経モジュール説／主観色現象／他

東工大 内川惠二著
色彩科学選書4

色覚のメカニズム
—色を見る仕組み—

10540-7 C3340　　　　A5判 224頁 本体4800円

〔内容〕色の視覚／色覚系の構造／色覚のフロントエンド—三色型色覚／色覚の伝達系—輝度・色型色覚／色弁別／色覚の時空間特性／色の見え／表面色知覚／色のカテゴリカル知覚／色の記憶と認識／付録：刺激光の強度の単位、OSA表色系、他

日本色彩学会・慶大 鈴木恒男編
色彩科学講座1

カラーサイエンス

10601-5 C3340　　　　A5判 168頁 本体4000円

〔内容〕色彩の物理学（色と光、光の性質、熱放射と量子仮説、原子と量子論）／色彩の化学（光の波長とエネルギー、光と化学構造、染料と顔料、変色と退色、原子構造）／色彩の心理学（感覚・知覚・認知の測定法、色彩の知覚、色彩の認知）／他

日本色彩学会・日本色彩研 小松原仁編
色彩科学講座2

カラーインライフ

10602-2 C3340　　　　A5判 216頁 本体4300円

〔内容〕暮らしを包む自然色（動物、植物、土、食品、果物、宝石）／暮らしを彩る人工色（塗料、プラスチック、化粧など）／街の色と文化（色彩条例、京都、常滑など）／流行色とその変遷／暮らしの中で使われる色名／分光分布から見る色

東工大 内川惠二総編集　高知工科大 篠森敬三編
講座 感覚・知覚の科学1

視 覚 I
—視覚系の構造と初期機能—

10631-2 C3340　　　　A5判 276頁 本体5800円

〔内容〕眼球光学系—基本構造—（鵜飼一彦）／神経生理（花沢明俊）／眼球運動（古賀一男）／光の強さ（篠森敬三）／色覚—色弁別・発達と加齢など—（篠森敬三・内川惠二）／時空間特性—時間の足合せ・周辺視など—（佐藤雅之）

上記価格（税別）は2008年9月現在